每天读点心理学

刘洋 ◎ 编著

吉林出版集团股份有限公司

图书在版编目（CIP）数据

每天读点心理学 / 刘洋编著 .— 长春：吉林出版集团股份有限公司, 2018.1
ISBN 978-7-5581-4096-9

Ⅰ . ①每… Ⅱ . ①刘… Ⅲ . ①心理学－通俗读物 Ⅳ . ①B84-49

中国版本图书馆CIP数据核字(2017)第301928号

每天读点心理学

编　　著	刘　洋
总 策 划	马泳水
责任编辑	王　平　史俊南
装帧设计	中北传媒
开　　本	880mm×1230mm　1/32
印　　张	10.5
版　　次	2018年7月第1版
印　　次	2018年7月第1次印刷

出　　版	吉林出版集团股份有限公司
电　　话	（总编办）010-63109269
	（发行部）010-67482953
印　　刷	三河市元兴印务有限公司

ISBN 978-7-5581-4096-9　　　　定　价：39.80元
版权所有　侵权必究

前 言

21 世纪最重要的科学是什么？

有人说是信息技术。不过除了用用手机、上上网，并不是每个人都去钻研那成串的"1 和 0"。

还有人说是生物技术。你打算克隆一个自己么？虽然这个提议很有意思，可是却有些不切实际。

数学、物理学、化学、生物学、天文学、地质学……那就更遥远了。

其实，21 世纪最重要的科学是心理学。

今天，人类所创造的科学技术已经非常发达，使我们对于周围的世界有了十分精确的掌控，甚至都可以飞跃出地球去开拓更为广袤无垠的外部星空了。

可是，在黑夜里，当你躺在床上，听着自己的心跳和呼吸声的时候，你是否想过自己才是这个宇宙中最神秘的事物呢？我们对于自己的内心世界了解了多少呢？我们每个人既相似又不同，我们每天都在忙忙碌碌地生活，我们每天都上演着喜怒哀乐、悲欢离合的故事。这一切的内部的深层的机制到底是什么呢？这就是心理。

心理，是人脑对客观世界的积极反应形态，如感觉、知觉、情感、意志等。我们通常所说的心理是泛指人们的意识、思想、感情的表现。

每天读点心理学

日常生活中，我们每做一件事、每说一句话，都受到一定的心理状态和心理活动的影响和制约，尽管有时候我们觉察不到。说一个人发脾气、闹情绪，这就是一种心理活动；说一个人洋洋得意、意气风发，这就是一种心理状态；说一个人品行不好、思想消极，这其实就是在做心理学研究了。心理学能够指导我们的生活，越是复杂的生活，越要懂得心理学的道理才行。懂得运用心理学管理自己，我们的生活才会幸福、有意义，我们的学习、工作才会有所成就，我们和他人才会友好互助地相处。

心理学在现代人的生活中是涉及很广的一个主题，因为不管我们要作出一个怎样的决定，或有一些怎样的习惯，都是受我们的心理支配的。小到生活中的衣食住行，大到工作中的为人处世以及国家政策方针的下达，都是单个人或多个人心理作用的结果。心理学家们说，他们的任务就是描述、解释、预测和控制人类的行为，提高人类生活的质量。在现代社会，由于生活节奏的加快，竞争意识的提高以及噪声、拥挤等环境问题的加剧，使人们的心理负担加重了。物质生活与精神生活的反差，使人们在获得成功的同时往往感到若有所失。人际关系的改变、利益关系的改变，常常使人们近在咫尺却犹如远在天涯。理想与现实、个人与社会、要求与能力、欲望与道德的种种矛盾频频袭来。

生活中有很多可能，也有很多预想不到的事情，但是生活中的心理学却是一个永恒的话题。不同的人有不同的心理，于是，相同的事情才有了不同的状态。美国哈佛大学的瓦伦特博士指出："你可以承认乌云的存在，但别忘了乌云边缘的光明。"这句话告诉我们，认识到心理学在生活中的重要作用，控制自己的冲动，

前　言

处理好自己的心理危机，就是一种对自我心理的自控能力。只要具备这种能力，就会拨开乌云见光明。

本书力图不拘泥于心理学的理论体系，不是从纯理论的角度探究人类心理活动的奥秘，而是从人们的日常生活和工作实际出发，选择一些重要而有意味的问题，作一些介绍和说明，使读者对关系人一生的健康、婚姻、家庭、事业、人际关系等问题能够有一个比较粗略的了解，并细致入理地阐述如何解除种种心理困惑和生活困扰。

剖析人生心态，解读生命密语，剪除心灵杂芜，正是本书的宗旨。那么，请在本书的带领下，走进心理学的殿堂，去收获属于你自己的幸福和成功吧。

编　者

目 录

第一章 每天读点社交心理学 …………………… 1

社交为人生开路 ………………………………………… 1
尊重是人际关系的关键 ………………………………… 3
互惠定律让人左右逢源 ………………………………… 6
塑造完美第一印象 ……………………………………… 8
亲和提升人际能力 ……………………………………… 11
请记住别人的名字 ……………………………………… 13
扮演好自己的社会角色 ………………………………… 16
如何塑造自我形象 ……………………………………… 18
掌握察言观色的本领 …………………………………… 21
人际关系不能过于亲密 ………………………………… 23
如何婉转地拒绝 ………………………………………… 26
宽容是化解冲突的秘诀 ………………………………… 28
以己度人的投射效应 …………………………………… 31
刻板印象的两面性 ……………………………………… 34
看透耀眼的光环 ………………………………………… 36
警惕误入隐私禁区 ……………………………………… 39
不要用报复发泄怨恨 …………………………………… 41
恭维背后有玄机 ………………………………………… 44
走出孤僻的阴影 ………………………………………… 46

1

第二章　每天读点推销心理学 …………………… 49

推销工作不能偷懒 ……………………………………… 49
勇于向困难挑战 ………………………………………… 51
今天的事情今天做 ……………………………………… 54
首先推销自己 …………………………………………… 56
销售要以产品至上 ……………………………………… 58
做真实的自我 …………………………………………… 61
以诚实赢得信任 ………………………………………… 63
营造"不得不买"的气氛 ……………………………… 66
激发顾客的购买欲望 …………………………………… 68
从内心关怀客户 ………………………………………… 70
巧用妙语敲开门 ………………………………………… 73
推销时要察言观色 ……………………………………… 75
没有名叫"客户"的人 ………………………………… 78
推销员要学会寒暄 ……………………………………… 80
不要和顾客争辩 ………………………………………… 82
与顾客心理同步 ………………………………………… 85
沉着应对突发事件 ……………………………………… 87
1个客户等于100个 ……………………………………… 89
推销员也要不断学习 …………………………………… 92

第三章　每天读点口才心理学 …………………… 95

柔和的谈吐最有力 ……………………………………… 95
警惕祸从口出 …………………………………………… 97

目 录

无心之语得罪人 100
选好话题莫"触礁" 102
旁敲侧击最巧妙 105
进退自如靠幽默 108
通俗易懂才能适应听众 110
如何与听众情感共鸣 112
准确掌握演讲的时间 115
以沉默控制局势 117
大智若愚"冒傻气" 120
软硬兼施"扮双簧" 122
针锋相对巧自卫 125
批评下属要情理兼容 127
探病慰问暖人心 130
妙语捕获芳心 132
如此忠言不逆耳 134
把话让给对方说 136
微笑胜过千言万语 139

第四章 每天读点成功心理学 142

激发潜意识的力量 142
成功要靠自我激励 144
明确的目标才能实现 147
风险与收益成正比 149
规划成功的蓝图 152
价值认知决定方向 154

成功需要果断的行动·· 157
胜利孕育在坚持中·· 159
将压力转化为动力·· 161
不要被成功欲望绑架·· 164
当心被名利遮住双眼·· 167
信心是成功的钥匙·· 169
面对困难要放声大笑·· 171
鱼与熊掌不可兼得·· 174
每个选择都包含着放弃·· 177
不要做工作的奴隶·· 179
争取每一个机会·· 181
工作中要有效率观念·· 184
大不了从头再来·· 186

第五章 每天读点情绪心理学·································· 188

什么是情绪·· 188
认识自己的情绪·· 190
成功者善于控制情绪·· 193
妥善管理情绪·· 195
及时宣泄坏情绪·· 198
洞察他人的情绪·· 200
学会改善他人情绪·· 203
防止不良情绪传染·· 205
及时修补情绪损伤·· 208
心胸狭窄难成大事·· 210

目 录

不必介意的自卑感…………………………… 213
不要让怒火烧身…………………………… 215
别让紧张阻拦你成功………………………… 218
空虚是精神的毒药…………………………… 220
寻找快乐的情绪……………………………… 223
成功属于快乐者……………………………… 225
快乐其实很简单……………………………… 228
化悲痛为力量………………………………… 230

第六章 每天读点健康心理学…………… 233

心理健康是幸福之本………………………… 233
杞人忧天话焦虑……………………………… 235
完美主义等于瘫痪…………………………… 238
抑郁是心灵流感……………………………… 241
压制内心的狂躁……………………………… 243
厌倦感使人疲惫……………………………… 245
直面内心的痛苦……………………………… 248
恐惧不代表懦弱……………………………… 250
孤独是最痛苦的体验………………………… 253
提高抵御挫折的能力………………………… 255
宣泄情绪的洪水……………………………… 257
顺其自然不强求……………………………… 260
劳逸结合多休息……………………………… 262
心理敏感惹麻烦……………………………… 265
不可救药的懒惰……………………………… 267

悲观者虽生犹死 ······ 270
赌徒其实是病人 ······ 272
为健康戒烟 ······ 275

第七章　每天读点婚恋心理学 ······ 278

爱情是什么 ······ 278
纯真初恋的特点 ······ 280
情人眼里出西施 ······ 283
剃头挑子一头热 ······ 285
化解三角恋危机 ······ 288
失恋不是结束而是开始 ······ 290
嫉妒是爱情的杀手 ······ 293
"亲密有间"的异性友谊 ······ 296
解密婚姻与爱情 ······ 298
人们如何挑选配偶 ······ 301
婚前恐惧为哪般 ······ 303
怎样与姻亲相处 ······ 306
婆媳关系最难处理 ······ 308
平衡婚姻与事业 ······ 310
夫妻间控制权的争夺 ······ 313
应该由谁来当家 ······ 315
不要掏空丈夫的口袋 ······ 317
婚外恋是爱的病毒 ······ 320

第一章
每天读点社交心理学

社交为人生开路

美国著名的社会心理学家斯坦利·米尔格兰姆发现了"六度分离"理论。它起源于一个"小世界现象"的假说，意思是任何两个素不相识的人中间最多只隔着6个人，换句话说，只用6个人就可以将两个陌生人联系在一起。米尔格兰姆招募到300名志愿者，请他们邮寄一封信函给一名股票经纪人。

由于可以肯定信函几乎不会直接寄到目标，他就让志愿者把信函发送给他们认为最有可能与目标建立联系的亲友，并要求每一个转寄信函的人都发一封信给他本人，以追踪信件的去向。出人意料的是，有60多封信最终到达了目标手中，并且这些信函经过的中间人的数目平均只有5个。也就是说，陌生人之间建立联系的最远距离是6个人。

人际交往是人类特有的需要，是在人的社会历史发展过程中产生的，是人类不可缺少的生活方式，也是人类的本质表现。

在迈向成功的道路上，一个人孤军奋战是不行的，你必须联系志同道合的朋友，在成功时，相互交流经验和分享快乐，在失败时相互倾诉和鼓励，从而取得更加辉煌的事业成就。良好的人际关系，不是一朝一夕就能够建立起来的，需要用真诚和智慧逐渐营造。

现代心理学和社会学的研究已证实，良好的人际关系具有四大功能。

首先是产生合力。平时，我们常说的"人多力量大"、"团结就是力量"、"人心齐，泰山移"，就是这个道理。在现代社会，分工细化，竞争残酷，单凭一个人的力量是根本无法取得事业上的任何成就的，只有借助众人之力，才有可能创造辉煌的人生。而要获得众人的帮助，使之上下一心，攻克目标，那就必须学会搞好人际关系。

其次是形成优势互补。俗语说：一个篱笆三个桩，一个好汉三个帮。一个人，即使是天才，也不可能样样精通。所以，他要完成自己的事业，就必须善于利用别人的智力、能力和才干。然而，用人并不仅仅是一种雇佣关系，而最大限度地调动下属的工作积极性，就必须掌握一定的人际交往技巧。一个人在开拓自己的事业时，总要遇到自己力所不能及的困难，这时，良好的人际关系则会助你一臂之力，为你扫清障碍。

第三，人是一种感情动物，必须时刻进行感情上的交流，需要获得友谊。在迈向成功的道路上，要想坚持到底，仅仅依靠信念的支撑是不够的，还必须有友谊的滋润。良好的人际关系会使你获得一种强大的力量和热情，在成功时得到分享和提醒，在挫折时得到倾诉和鼓励，这必将会有助于你心理的有益平衡，从而有勇气迈向新的征程。

最后，在现代社会中，掌握了信息就等于是把握住了成功的

第一章 每天读点社交心理学

机会。一条珍贵的信息可以使人功成名就，而信息闭塞也可能会使人贻误战机、遗憾终生。广交朋友，善处关系，是一条十分有效的获取信息的途径，这样，你就能够在竞争中始终处于领先的地位，然后再取得事业上的成功。良好的人际关系是一笔巨大的投资，必然会在你需要的时候给你丰厚的回报。

一个人无论有多么卓越的智慧，都离不开人际关系。为什么有的人在朋友、同事、单位的圈子里能出人头地，成为不可缺少的瞩目人物？而在另外一个地方却默默无闻，甚至于被扫地出门？原因就在于每个人有每个人的人际关系网，但假如缺乏交往的智慧、素质和勇气，那就无济于事了。

要想成就事业，就要善于沟通，建立和谐、良好的人际关系。发挥自己的沟通能力，为自己营造一个良好的人际氛围，只有这样，才能为自己的人生铺垫更为宽阔的道路。

【心理学专家告诉你】

良好的人际关系，是事业成功的催化剂，它会使人变得活泼，富有进取精神，充满干劲。反之，生硬的人际关系，会把自己置于重重障碍之中，限制自己的发展。

尊重是人际关系的关键

美国著名的福特汽车公司在新泽西的一家工厂因管理混乱濒临倒闭。后来总公司派去了一位很能干的经理，到任后的第三天，就发现了问题的症结：偌大的厂房里，一道道流水线如同一道道屏障隔断了工人们之间的直接交流；机器的轰鸣声使人们关于工作的信息交流越发难以实现。而且过去的领导一个劲地要生产任务，将工人聚餐、共同娱乐的时间压缩到了最低线。所有这些，使得员工们彼此谈心、交往的机会微乎其微，工厂的凄凉景象很快使他们工作的热情大减。

于是，经理果断地决定，以后员工的午餐费由厂里负担，希望所有的人都能留下来聚餐。在每天中午大家就餐时，经理还亲自在食堂的一角架起了烤肉架为每位员工烤肉。后来大家纷纷对公司发展献计献策，并把工作中的问题主动拿出来讨论，寻求最佳的解决途径，工厂最终扭亏转盈。

从故事中可以看出，这位经理的真实意图就在于给员工们一个互相沟通了解的机会，以建立信任空间，使组织的人际关系有所改观，从而推动工厂赢利。

懂得了处理某些事情的方式方法，也就是懂得了其中的窍门，就会做到事半功倍。有时候花费很大的精力和时间处理人际关系问题却只能得到较小的成绩，而有时花费最小的成本却能得到较大的成绩，为什么？关键在于你有没有掌握处理人际关系的诀窍。

生活中，几乎所有的人都懂得处理好人际关系的重要性，但尽管如此，大多数人仍不知道怎样才能处理好人际关系，甚至相当多的人错误地认为拍马屁、讲奉承话、请客送礼，就能处理好自己的人际关系。其实，处理人际关系的诀窍在于你必须有开放的人格，能真正地去欣赏他人和尊重他人。

第一章　每天读点社交心理学

要学会从内心深处去尊重他人，首先必须能客观地评价别人，能找出别人的优点。你会发现你的亲人、朋友、同事、上司或下属身上都有令你佩服、值得你尊重的闪光之处，你会发自内心去欣赏和赞美他们，你会在行为上以他们的优点为榜样去模仿他们。这时你就达到了处理人际关系的最高境界。换个角度想，若有人对你有发自内心深处的毫不虚假的欣赏和尊重，你肯定会由衷地喜欢他们并与他们真诚相待。

用欣赏人、尊重人的方式去处理人际关系有许多好处：其一，成本最低，不用花费金钱去请客送礼，不用伪装自己去浪费感情；其二，风险最低，不必担心当面奉承背后忍不住发牢骚而露馅，不必担心讲假话，提心吊胆；其三，收获最大，因为你能真心尊重和欣赏别人，你便会去学习别人的优点，去克服自己的缺点，使自己不断地完善和进步。

心理学家常说"生活不需要技巧"，指的是在人际交往中，要诚心诚意，不要怀着某种个人目的，因为一旦对方发觉自己被当成利用的工具，即使你对他再好，也只能适得其反。

所以，要获得真正成功的人际关系，就只能用一颗诚心去与他人交往。即使帮助他人时也要如此。有些人帮助他人时，总是沾沾自喜，自鸣得意，甚至摆出一副救世主的面孔。这些居功自傲的人也常常因为其骄横的态度而招致别人的不满，使别人根本不愿接受他的帮助。

其实，我们的帮助应该是无私的、诚恳的、不存在半点恩赐感觉的。在这种情况下帮助他人，他人才会感到真正的温暖。如果自己还做不到这一点，那么在帮助他人的时候可以试着将自己忘掉，忘掉你提供的帮助和友爱能够给你带来的好处，就可以了。

【心理学专家告诉你】

一个懂得用欣赏人、尊重人处理人际关系的人会过得很快乐，别人也会同样地欣赏和尊重他。

互惠定律让人左右逢源

在第一次世界大战中，德国特种兵经常深入敌后去抓俘虏回来审讯。

当时打的是堑壕战，大队人马要想穿过两军对垒前沿的无人区，是十分困难的。但是如果让一个士兵悄悄爬过去，溜进敌人的战壕，相对来说就比较容易了。

有个德军特种兵曾多次成功地完成了这样的任务。有一次他很熟练地穿过两军之间的地域，出乎意料地出现在敌军战壕中。一个落单的敌军士兵正在吃东西，毫无戒备，一下子就被缴了械。他手中还举着刚才正在吃的面包，这时，他本能地把一些面包递给面前突然出现的敌人。这也许是他一生中做得最正确的一件事了。

面前的德国兵忽然被这个举动打动了。他没有俘虏这个敌军士兵，而是自己回去了，虽然他知道回去后上司会大发雷霆。

这个德国兵为什么会被一块面包打动呢？人的心理其实是很

第一章　每天读点社交心理学

微妙的。人一般有这种心理，就是得到别人的好处或感受到别人的好意后，就想要回报对方。虽然德国兵从对手那里得到的只是一块面包，或者他根本没有要那个面包，但是他感受到了对方对他的一种善意，即使这善意中包含着一种恳求。但这毕竟是一种善意，是很自然地表达出来的，在一瞬间打动了他。他在心里觉得，无论如何不能把一个对自己好的人当俘虏抓回去，甚至要了他的命。其实这个德国兵不知不觉地受到了心理学上"互惠定律"的左右。这种得到对方的恩惠，就一定要报答的心理，就是"互惠定律"，这是人类社会中根深蒂固的一个行为准则。

曾有心理学家做过一个小实验，证明了这个定律。他在一群素不相识的人中随机抽样，给挑选出来的人寄去了圣诞卡片。虽然他也估计会有一些回音，但却没有想到大部分收到卡片的人，都给他回了一张。

给他回赠卡片的人，根本就没有想到过打听一下这个陌生人到底是谁。他们收到卡片，自动就回赠了一张。也许他们想，可能自己忘了这个教授是谁了，或者这个教授有什么原因才给自己寄卡片。不管怎样，自己不能欠人家的情，要给人家回寄一张，总是没有错的。这个实验虽小，却证明了互惠定律的作用。

在不是很熟悉的朋友之间，你求别人办事，如果没有及时地回报，下一次又求人家，就显得不太自然。因为人家会怀疑你是否有回报的意识，是否感激他对你的付出。及时地回报，可以表明自己是知恩图报的人，有利于相互的继续交往。

而且如果不及时回报，有时会给你带来一些麻烦。你一直欠着这个情，如果对方突然有一件事反过来求你，而你又觉得不太好办的话，就不太好意思拒绝了。

朋友间维护友谊遵循着互惠定律，爱情之间也是如此。其实世上没有绝对无私奉献的爱情，不像歌里和诗里表现的那样。爱情也是讲求互惠互利的，双方需要保持一个利益的平衡。如果平衡被破坏了，就可能导致双方关系破裂。

况且许多人际关系并不是建立在纯粹的友谊之上，我们与某些人来往，是因为他们有我们所需要的东西，反之亦然。很多时候，人际活动不是表现爱的公开集会，而是为符合双方持续需求所形成的一种关系。即使是竞争对手，也应该追求"双赢"的结果。只要有可能，就得避开竞争对手的制约，避免双方无谓的争夺，这对任何一方都是有利的。

【心理学专家告诉你】

人与人之间的互动，就像坐跷跷板一样，要高低交替。当从别人那里得到了帮助，我们总觉得应该回报对方。一个永远不肯吃亏、不肯让步的人，即使真正得到好处，也是暂时的，他迟早要被别人讨厌和疏远。

塑造完美第一印象

《三国演义》中，庞统最初准备效力东吴，于是去面见孙权。孙权见到庞统"浓眉掀鼻、黑面短髯"，相貌丑陋，心中先有几分不快，又见他傲慢不羁，更是印象不佳。最后，本来能够礼贤

第一章　每天读点社交心理学

下士的孙权竟把与诸葛亮比肩齐名的奇才庞统拒于门外。尽管鲁肃苦言相劝，也无济于事。

后来庞统又以同样的姿态拜见刘备，也没有得到重用。还是心无城府的张飞亲眼见到庞统的才干，才使刘备改变了对他的态度。

凡被人感知过的事物，都会在人的头脑中留下一定印记，但印记的深浅程度却迥然不同，因而在头脑中保留时间的长短也明显不同。新异的事物容易引起情绪、情感的剧烈波动，往往能在头脑中留下较为深刻的印记，保留的时间相对较长。由于交往双方是第一次接触，彼此都有一种新异的探究之心，对言行举止就特别敏感，因而双方的表现容易在心灵上留下鲜明的印记。这种印记一旦形成，就具有相对稳定性，不容易消除，只有在重大事件的强烈刺激下，才会被新的印记所掩蔽，从根本上转变对对方的评价或看法。

另外交往双方的首次接触提供给对方的信息是相对有限的，但在知觉整体性特征的影响下，凭借有限的信息同样能构成一种整体印象，形成一种基本的看法，这种看法就可能对人的言行作出具有倾向性的评价。心理学家研究发现，相貌因素和性格因素对第一印象的形成会发生重要的影响。

虽然一般认为对人评选时不应以貌取人，但对方的相貌是影响观察者第一印象的重要原因之一。心理学家克里夫得和华斯特尔，将一份载有各项记录的小学五年级学生的资料卡复印若干张，并分别贴上不同的照片，然后，请多位五年级教师根据照片与卡片的记录推测学生能力的高低。结果发现教师们不约而同地评定相貌好的学生智力较高。

与人初次接触，一定也会注意到对方在言行举止上表现出的性格特征，而性格特征表现出来的先后顺序也影响第一印象。心理学家阿什将同样的六种性格特征以不同的顺序排列，并分别假设属于A和B两人，即A的性格特征是：精明的、勤勉的、冲动的、善辩的、倔强的、嫉妒的；B的性格特征是：嫉妒的、倔强的、善辩的、冲动的、勤勉的、精明的。然后让同样的受试者凭主观感觉评定对两人的印象如何。结果发现，受试者多对A留下正面的印象。

那么如何才能给人以良好的第一印象呢？

美国心理学家安德森曾列出550个描绘人品的形容词，让大学生指出其中所喜欢的品质，结果表明，待人真诚在交往中最受人们喜欢。有的人善于口是心非、虚情假意，这种人是不受欢迎的，即使别人对虚伪者不予当面揭露，但心中却非常清楚。

言行举止是人际间交往的主要形式，也是一个人素质、修养水平的具体体现。稳重大方、温文尔雅的言行举止受人尊重，而轻浮虚伪、粗俗不雅的言行举止则令人生厌。有人与他人交谈时，忽视了言语交往的双向性，或只听不讲，或只讲不听。听时心不在焉，或毫无表情地缄默；讲时滔滔不绝，不顾对方的想法而无限发挥，使对方感到十分尴尬和不快。更有的行为甚至让人反感，他们对地位高的人表现出一副巴结的样子，而对地位低的人则表现得趾高气扬，傲慢无礼，这种人显然无法给人留下良好的第一印象。在与人初次接触时，如果希望给对方留下美好的印象，应

第一章　每天读点社交心理学

尽量把自己的优点提前呈现出来。

【心理学专家告诉你】

心理学家说，你永远无法给一个人第二次留下第一印象。一般而言，第一印象好，双方继续交往的积极性就高，良好的关系就可能逐渐形成与发展；反之，则可能无法建立相对亲密的关系。

亲和提升人际能力

在大选来临之前，英国女政治家玛格丽特·撒切尔夫人所在的保守党面临一个难题——如何制止颓势？撒切尔夫人的解决办法是令人信服的，她说："我们只有一个办法，走出去，走到选民中去。这样就会最终获胜。"

保守党的工作人员多数认为，和撒切尔夫人在一起搞竞选很累。她在大街上东奔西跑，走家串户。一会儿在这家坐坐，同房东亲切交谈；一会儿又同那个握握手，或向坐着扶手椅的人问长问短；一会儿又到商店询问商品价格。大部分时间，她带着秘书黛安娜跑来跑去，午饭时，她们就到小酒店和新闻发言人罗伊以及委员会的其他成员一起喝啤酒。然后，她又去握更多人的手，参加集会作演说，接见更多相识过的人。这样，撒切尔夫人身体力行地赢得了越来越多的拥护者，为竞选打下了坚实的群众基础。

亲和力是人际关系能力的综合体现。它一方面表现为主动控制人际交往，另一方面表现为被其他人所认可。

亲和性强的人具有与人为善的心态。他不把人假定成丑恶的、讨厌的、难缠的，他假定人是善良的、有趣的、讲理的。这样，在与人交往时，他就会采取一种主动、友善、接近的态度。在他的感染下，对方也会采取相同的态度，双方交往后会感到愉快和满意。

一个人具有与人为善的心态，喜欢与人交往，善于与人交往，在与人交往的过程中经常体验到愉悦，那么，这个人就会具有很强的亲和性，亲和性就构成了他良好个性的一部分。

一般而言，有亲和力的人在他人眼中有两个特点：有益，无害。有益是指能给人带来实际的利益或者心理上的舒适感；无害是指攻击性不强。也就是说，这样的人要有一些确实的优点，同时并不是完美无缺的，因为完美无缺的人会产生距离感，减少亲和力。

心理学家阿隆逊将四卷录影带分别播放给四组受试者观赏，让他们凭主观的感觉评分，以表示他们对被访者喜欢的程度。录影带的内容都是访问员与受访者面谈：第一卷将受访者描述成能力杰出的大学生，给人的印象是完美无缺的；第二卷也将受访者描述成能力杰出的大学生，但是在访问过程中他有些紧张，将面前的咖啡打翻，弄脏了一身新衣服。经分析评定结果发现，大家最喜欢的是第二卷中的受访者。精明的人犯点小错，不仅是瑕不掩瑜，反而成了优点。

那么，如何才能给人有益感呢？除了学会"雪中送炭"之外，最简便，但是心理效果最强的就是赞美别人。

赞美的作用永远都会胜过批评。要建立良好的人际关系，恰

第一章　每天读点社交心理学

当的赞美是必不可少的。心理学家马斯洛认为，荣誉和成就感是人的高层次的需求。一个人具有某些长处或取得了某些成就，他需要得到社会的承认。如果你能以诚挚的敬意和真心实意的赞扬满足一个人的自我需求，那么任何一个人都可能会变得更令人愉快、更通情达理、更乐于协作。恰当地赞美别人，会给人以舒适感，所以在交往过程中，我们要学会发现对方的闪光点，学会恰到好处地赞美他人。

人们都愿意和亲和性强的人交往。如果某个人在与人交往中表现出傲慢、冷漠、拒人于千里之外，那么会使别人感到不快、别扭、受到侮辱，因而不愿意和他交往；如果某个人在和他人交往时表现出害羞、胆怯、缩手缩脚，那么，别人和他打交道时也会觉得不那么舒畅。如果一个人有很强的亲和性，与人交往时不但能够容易沟通，顺利地实现双方的愿望，而且会使双方感到愉快。

【心理学专家告诉你】

亲和性很强的人对人对己都有很强的理解力和洞察力。他对自己既不夸大也不妄自菲薄，对别人能够体察入微，认识到每个人都会有自己的个性、爱好和禁忌。

请记住别人的名字

西奥多·罗斯福是美国最著名的总统之一，他和善可亲，异常地受人欢迎。原因之一就是他很善于记住别人的名字。

据说有一天,罗斯福在卸任后重回白宫拜访新总统,碰巧在任的塔夫脱总统和太太都不在,他向白宫所有的服务人员打招呼,并且礼貌而又真诚地叫起了每一个人的名字,甚至连厨房的小妹也不例外。当他见到厨娘亚丽丝时,就亲切地问她是否还烘制玉米面包,亚丽丝回答有时会为服务员烘制一些,但是"楼上"的人都不吃。

"他们的口味太差了,"罗斯福有些抱不平地说,"等我见到塔夫脱总统的时候,我会这样告诉他。"

亚丽丝端出一块玉米面包给他,罗斯福一边吃一边走向办公室,同时在经过园丁和工人的身旁时,还跟他们打招呼。

人们极为重视自己的名字,因而竭力设法使之延续。200年前,富人常以金钱来换得作家将书献给他们。每个人的内心都渴望受到重视,渴望给他人留下深刻的印象,希望他人能记住自己,并希望自己的名字能被永久纪念,而不被遗忘。正是因为这一心理,当人们听到他人呼唤自己的名字时,便会倍感亲切。

了解了人们的这一心理,我们就可以通过记住他人的名字,并亲切地喊出他人的名字,来增加他人对我们的好感,拉近双方的距离,增加相互的交往,加深彼此的感情,并为更好地交谈铺一条更顺利的道路。

既然人人都对自己的名字感兴趣,那么,我们就应当记住他人的名字,并亲切地喊出来,就等于对他人进行了一次有效的恭维。

第一章　每天读点社交心理学

但是，在很多时候，我们被介绍给一位陌生人，谈几分钟或更长的一段时间，在临别的时候，连人家姓什么都不记得，更别说能记住人家的模样。多数人不记得别人的姓名，只因为他们没有下工夫与精力把别人的姓名牢记在心。

善于记住别人的姓名是一种礼貌，在人际交往中会起到意想不到的效果。日常生活中处处涉及如何记住别人的相貌和姓名的问题，两者要"对号入座"，不能张冠李戴。

世界上天生就能记住别人名字的人并不多见，大多数人能做到这一点全靠有意培养形成的好习惯。而你一旦养成了这种好习惯，它就能使你在人际关系和社会活动中占有很多优势。当你在第二次与人见面10秒钟后还在绞尽脑汁地追忆这个被忘却的名字时，那是因为你在初次会面时注意力没有集中，而只是专心于你自己。如果你在别人自我介绍时未能集中注意力，就应该礼貌地请他再重复一遍。

如果你只想通过死记硬背来记住别人的名字，那可能会很快忘掉。但假如你把他的名字和脸庞加以难忘的形象戏剧化，你就会轻易地记住。记住新名字的最佳办法就是采用"联想—夸张"法，在两个不相同的事物之间构成一定的联系。具体办法是：当你刚刚结识一张新面孔后，要聚精会神地凝视他的脸庞，看是否有特别令人感兴趣、吸引人或与众不同之处。例如，头发是否又黑又整齐、眉毛是否很浓、眼睛是否特别明亮等，从这些特点中选出一个，然后再通过夸张等方式储存到记忆中去。

当你为一个新名字找到了戏剧性的形象时，就要将它匹配到那个具有明显特征的人的脸上。如果你能使这些形象互相作用、互相影响，就会轻易地回忆起这个人的名字。

【心理学专家告诉你】

认识一个新朋友后，在与他交谈中，要尽可能多地在合适时重复他的名字。这样，在谈话结束时，这个名字已深深地刻在你的脑子里了。事后，你也可将这人的名字及你所记住的形象写下来，进一步加深印象。

扮演好自己的社会角色

从前卫国有人迎娶新娘，新娘上车后，就问："两边拉套的马是谁家的马？"车夫说："借来的。"新娘对车夫说："那就鞭打两边拉套的马，不要鞭打驾辕的马。"

车到了新郎家门口，新娘下车时，又对送新娘的老妇说："把灶火灭了，以防失火。"

进了新房，看见舂米的石臼，说："把它搬到窗户下面，免得妨碍室内往来的人。"

新娘这几次说的话，都是切中要害的话，然而不免被人笑话，这是因为新娘刚过门，就说这些，为之过早了。

一个人说话、办事，首先要考虑自己所处的位置，再根据这个位置的要求来说合适的话，做合适的事。如果不顾时机、不分场合，即使是好话、好事，也得不到应有的重视，甚至会引起别

第一章　每天读点社交心理学

人的嘲笑。

个人离不开他人和社会，每一个人在世界上生活都要与他人和社会（包括各种不同的社会共同体）打交道。然而，每一个人在与他人和社会打交道的时候身份并不是完全相同。这种个人在与不同的人和不同社会共同体打交道时的不同身份，就是个人的社会角色。

社会角色作为人在社会中的身份，是人在与他人和不同社会共同体发生关系过程中形成的。人在一生中，要与他人和不同社会共同体发生无数的关系，因而人的社会角色是很多的，而且随着年龄、职业等各种因素的变化而变化。

社会角色并不只是人的社会身份的标志，更重要的是，它意味着人的各种社会规定性，是人的社会规定性的根据。人有什么样的社会角色就有什么样的社会规定性，人们对于这种社会规定性的看法就是角色期待，任何悖逆于这种角色期待的行为都会给人带来不良的反馈。比如一个男人有了孩子，在家里已经扮演起父亲的角色，那他就应当懂得社会对父亲角色的一些特殊要求，例如严肃、成熟、积极对待孩子。如果他把孩子扔在家里自己成天出去玩，就会让人认为他"不像个爸爸"，从而降低他的社会评价。

每个人都有他的社会角色，但是值得注意的是，每个人又都不仅仅有一个社会角色。比如一个人在家里是丈夫，在单位是经理，在父亲眼里是儿子，在儿子眼里又是父亲……在不同的时间场合下，他们需要扮演不同的角色。每个人都是多个角色的立体组合。既然有多个角色，就存在不同角色之间的转换问题。从一个场合换到另一个场合，人的角色也要做出相应的转换。如果转换不顺畅或者拒绝转换，也会让自己遇上麻烦。

人在世界上生活必定要承当一定的社会角色，而且承当的社会角色越多，人的社会规定性也就越多。

社会角色似乎是一种负担、一种限制，承当的社会角色越多，人活得越累，活得越不自由。其实并不尽然。承当的社会角色越多，生活会越紧张，限制会越多，责任会越大，这是事实。但是，承当社会角色对于人并不是消极的，并不是人不得已而必须接受的，而是有价值的。社会角色隐含着深刻的价值意蕴，承当一定的社会角色对于人的生存、发展和享受是必要和重要的，而且一般地说，承当的社会角色越多越有利于人的生存、发展和享受，越有助于人的幸福的实现。

【心理学专家告诉你】

社会角色是在互动过程中形成的，角色表演并没有一个预定的"剧本"。文化只能为"角色表演"规定大致的范围。言而无信的实质是当事人在明确角色期待情况下的角色实践的失败。所以作为个体成员，要努力使自己的角色行为与社会期待相一致，不断纠正角色实践中的偏离倾向。

如何塑造自我形象

埃尔顿将军在第一次世界大战时还是位年轻的上校，他的制

第一章　每天读点社交心理学

服便与众不同,在同等级别的军官中显得尤为引人注目,这富有魅力的形象也是他日后得以提拔为中将的缘由之一。

那时的军服有些呆板,埃尔顿将军不满意这身戎装,于是他在大前提不变的情况下做了改动。他还从来不戴笨重的钢盔,他幽默地说:"笨重的钢盔抑制了我的思考,使我不能有清晰的思路去指挥作战。"

埃尔顿将军以为,耀眼的勋章固然令人感到荣耀,但这只代表过去而不能作为未来的功劳。于是,他自作主张,在自己的制服上别出心裁地挂上女友爱莎的头像。这枚精致的头像加之精美的金属外壳更使埃尔顿将军在庄严肃穆的军营显得人情味十足,他手下士兵维勒曾说:"我一见到埃尔顿将军胸前的那枚精美的头像,便减少了对战争的紧张感和恐惧感,头像也使我在战斗闲暇时想起了家乡。"这便是埃尔顿将军成功的秘诀之一。

14世纪中叶的神学家伊戈尔曾说过:"一位服装整齐的教士,乃是自我尊重的外在表现。他表现出了能够控制自己的能力,而使信徒更加虔诚地皈依基督。这是因为:力量并不会是角斗与争斗,良好的外表本身便是巨大的力量。"

安德鲁·卡弗里克在认真地研究衣着对气质的影响后,写成了《成功与衣着》这本书。书中的主要论点是:衣着适合领导者特定的职业和身份,就会促进他的成功。反之,衣着不适合领导者的身份,将会有损领导者的形象,从而不利于领导者气质的体现。实际上,这种观点并不难理解。我们不妨设想一下,假如一位总统大人身穿背带裤站在演讲台发表演讲会带来一种什么样的影响？恐怕只会让人感到滑稽，而不会令人尊敬，更不会提升人格魅力。所以，我们在社交场合，应该十分注重自己的衣着形象，穿衣戴帽，都应当考虑到自己所领导的是哪一类人，以及自己是什么类型的领导者，要让衣着最大限度地展示出符合自己身份的魅力，从而使之成为领导者走向成功的有力的催化剂。

  日本管理学家齐藤竹之助认为，人与人初次交往，90%的印象来自服装。在社会交往日益频繁的今天，人们越来越重视自己的着装，力求在某些特殊的场合因得体的服装而获得某种交际优惠。服装的可塑性是很大的，从质地到样式，从色彩到装饰，最能体现人的气质与形象，也是给他人留下一个良好的第一印象的关键。得体的衣着和仪表不仅仅给人一种美的享受，更重要的是能体现一个人的日常风格和态度作风。所以，穿出自己的特点是最明智的选择。

  在比较正式的社交场合，为了使自己显得更有魅力，一定要适当修饰你的仪容。因为在社交场合中，给人的第一印象便是你的容颜仪表。如果别人都容颜整洁漂亮，而你则不修边幅，那么便会相形见绌，使你产生强烈的自卑感而失去自信，试问这样又怎能从容镇定地去和别人交往呢？但是，我们在以服饰塑造自己形象的同时，不要忘了还要掌握服饰美的核心。在服饰的选择上，应该充分发挥自己的优势，不要"只见衣冠不见人"，不要以艳丽的色彩掩盖了自己的本色。服饰的美，应为人之美而服务。服饰美应该体现在与人的关系上，服饰美就是服饰与人构成的和谐美，这包含了两层意思：一是服饰与人身体、相貌、性格等因素的和谐，二是服饰自身的和谐，即服装与饰品的和谐。

第一章 每天读点社交心理学

【心理学专家告诉你】

每个人都想给别人留下深刻的印象，要想达到这一点，就必须维护好自己的形象仪表。但我们在塑造自己形象的同时不要忘了保持真我，只有保持自己区别于他人的独特、健康的个性，才是最有魅力的人。

掌握察言观色的本领

《红楼梦》中，刘姥姥初进大观园，就演出了一场"察言观色"的好戏，展示出她非凡的人际交往能力——

贾母得知刘姥姥已经75岁了，感慨地说："这么大年纪了，还这么健朗。比我大好几岁呢。我要到这么大年纪，还不知怎么动不得呢。"刘姥姥就笑道："我们生来是受苦的人，老太太生来是享福的。"使贾母十分高兴。

后来她和贾母聊天讲故事，因为"抽柴"的故事"引发"了火灾，使贾母不高兴，刘姥姥就换了个"观音送子"的故事，让所有的人又都高兴了起来。

任何一个人，对自己神情的掩饰，都不可能达到绝对的滴水不漏。关键问题是，你在对方错综复杂的神情变化中，能否准确判明哪个变化是决定性的。漫无边际地谈些与正题无关的话，目的在于观察对方的兴趣、爱好、习惯和学识等情况。若有若无地利用一些对对方具有吸引力的话题，就可以判断出对方的心中所想。

心理学研究证明，由于个体的差异，每个人的思想和感情的流露，多包含在一种与众不同的习惯性动作和神态当中。因此，在交谈过程中，善于从这两个方面洞察对方，即懂得察言观色的人，通常能较好地掌握社交的主动权。

"言"与"色"是心灵的反光镜。察言观色是一切人情往来中操纵自如的基本技术。不会察言观色，等于不知风向便去转动舵柄。直觉虽然敏感却容易受人蒙蔽，懂得如何推理和判断才是察言观色所追求的顶级技艺。如果说观色犹如察看天气，那么看一个人的脸色应如"看云识天气"一般，有很深的学问。

人们的言行有时是简单外露的，对它的体察是容易的；有时是复杂隐蔽的，对它的体察就比较困难。对于察言观色的"察"与"观"，必须要细致入微，千万不要因为对方看上去似乎毫无反应，就断定他是傻瓜，正如看了悲剧，有人流泪，有人木然，你不能说木然的人就一定没有被感动。

社交中的察言观色，说到底是对对方言谈举止神态表情的微妙变化及其含义进行捕捉和判断，是一个"由表及里"的过程，最重要的是设法捕捉最能反映思想活动的典型动作和典型部位，也就是"语言点的定位"。眼、手、腿、脚都可能是"语言点"的所在。其中应该特别注意对方的手，尽管许多人可以巧妙地掩饰很多种情绪，而愤怒时却要握紧双拳，或是将纸烟、铅笔之类的东西捏坏，甚至可能两手发颤；兴奋紧张时，双手揉搓，或者简直不知道该把手放在什么地方；思索时，手指在桌面、沙发扶手、

第一章　每天读点社交心理学

大腿等地方有节奏地轻敲，是一个普遍的动作。

眼睛可说是脸部最富表情，也最容易泄露秘密的地方，学会观察眼神，识人即可事半功倍。人的眼光会跟随他们感兴趣的目标，这要引起注意。当他说话时不看着你，可能表示没有好感或心不在焉。人见到吸引自己的事物时，瞳孔会不自觉扩张。外向的人说话时，注视对方的时间较长。眼神回避易被解读成不感兴趣或不正直。说话时擅用眼神接触，能带来认真、可靠的印象。以尖锐目光凝视别人，被理解为怪异、反复无常。对于机智的人来说，其弥补失误的本领也是异常高超的，他不可能让你长时间地洞悉到他的破绽，因此，时机对你非常宝贵。

至于究竟什么才是这种"决定性瞬间"的具体显现，那只能具体情况具体分析，凭借你的经验和感觉来定夺，没有固定模式可循。

【心理学专家告诉你】

人再怎么隐藏本性，终究要露出真面目。因为戴面具是有意识的行为，时间久了自己也会觉得累，于是在不知不觉中会将假面具拿下来，就像前台演员一样，一到后台便把面具拿下来。假面具一旦拿下来，真性情就出现了。

人际关系不能过于亲密

哲学家叔本华曾经讲过一个刺猬的寓言——

每天读点心理学

冬天来临,山中的一群刺猬开始感到寒冷,于是它们为了取暖而互相靠拢挤在一起。可是挤得太近,各自身上的刺互相刺扎,让它们痛不可言。于是,它们不得不离得远些,然而离得太远,它们又开始感到寒冷。经过不断地试探,它们终于找到一个不远不近的最佳距离,既免于互相刺伤,又可以彼此取暖抵御寒冷的风雪。

人与人之间需要保持一定的空间距离。任何一个人,都需要在自己的周围有一个自己把握的自我空间。当这个自我空间被人触犯后,常常会引起消极心态的产生。从心理学的角度来考察,每个人都会有一种对个人空间的本能保护,越是安全感不足的人,对这种保护的要求越强烈。

心理学家做过这样一个实验:在一个大阅览室里,当里面只有一位读者时,心理学家就进去坐在他或她的旁边。被试者不知道这是在做实验,很快就默默地远离到别处坐下,有人则干脆质问:"你想干什么?"实验进行了80次,结果证明:在一个只有两位读者的空旷的阅览室里,没有一个人能够忍受一个陌生人紧挨自己坐下。

美国社会心理学家爱德华·赫尔对人际交往的合适距离进行了研究,发现了人们之间的心理界限的具体数据:亲友关系的距离是15~45厘米,熟悉的人之间的距离是45~120厘米,一般社会关系(例如工作关系)之间的距离是120~360厘米,与陌生人之间的距离应在360厘米之上。

人际交往的空间距离不是固定不变的,它具有一定的伸缩性,

第一章　每天读点社交心理学

这依赖于具体情境、交谈双方的关系、社会地位、文化背景等因素。这种差距是由于人们对"自我"的理解不同造成的。例如，欧洲文化中的"自我"包括皮肤、衣服以及体外几十厘米的空间，而阿拉伯文化中的"自我"则仅限于心灵，甚至把皮肤当成身外之物。因此，当一个阿拉伯人与欧洲人进行交流时，往往出现阿拉伯人步步逼近，总嫌对方过于冷淡，而欧洲人却连连后退，接受不了对方的过度亲热。同是欧洲人，交往时，法国人喜欢保持近距离，乃至呼吸也能喷到对方脸上，而英国人会感到很不习惯，步步退让，维持适合于自己的空间范围。

心态良好、处事得当的人，能够准确地把握人际交往的距离。性格开朗、喜欢交往的人更愿意接近别人，也会容忍别人的靠近，他们的自我空间较小。而性格内向、孤僻自守的人宁愿把自己孤立地封闭起来，不会主动接近别人，对靠近自己的人十分敏感。他们的自我空间受到侵占的时候，容易产生不舒服和焦虑的感觉。

距离，是一种有形与无形物质的结合体。距离太近，容易产生隔阂；距离远了，容易模糊视角。距离原则不仅出现在物理空间上，也出现在心理空间上。

心理学家霍曼斯提出过，人与人之间的交往本质上是一种社会交换。人们都希望在交往中得到的不少于所付出的，如果付出大于得到，人们的心理会失去平衡。人际交往中，对人的"好"维持在一定限度是有必要的。

不要以为全心全意为对方做事就会得到对方同样的回报。因为对方如果一味接受你的付出，却感到无法回报或没有机会回报的话，他就会背上沉重的心理负担，从而会选择逃避。适当地保持距离，应该作为一项重要的交际准则。

【心理学专家告诉你】

人与人之间需要适当地保持距离，为彼此的心灵留下一点空间，才能平衡人际间的交往。如果距离太远或者太近，容易导致人际关系不平衡。人们的关系过于密切时，往往会使自己或别人受到无意的伤害；而当人们之间的关系过于疏远时，又会使人们感到冷漠无情。

如何婉转地拒绝

有人曾邀请庄子做官。庄子说："你看到过太庙里被当作供品的牛马吗？当它们未被宰杀时，披着华丽的衣料，吃着最好的饲料，的确风光。但是进了太庙，就被宰杀成牺牲品。你是愿意做这些牛马，还是愿意做一只猪，自由地在泥塘里打滚呢？"

来人一听，就知趣地走了。

接纳是人际交往的基本原则，但是接纳不等于照单全收，有些事情是要拒绝的，比如拒绝不合适的馈赠，拒绝不情愿的邀请，拒绝不合理的要求，都是难以避免的事。拒绝别人，虽然会给双方带来一时的尴尬，但是本着负责任的态度，理性的选择拒绝，也是维护正常社会关系的必要条件。

的确，否定别人的言语和行为，是件容易伤害感情、导致出

第一章　每天读点社交心理学

现尴尬局面的事情，但在生活中如果注意话语的含蓄和否定的技巧，就可以避免这些情况的发生，使生硬的否定也有一副可爱的面孔，从而在轻松愉快的气氛中完成"否定"的任务。拒绝是有秘诀的。拒绝得法，对方便心悦诚服；如果拒绝不得法，会使人对你不满，甚至怀恨你。要避免这种情形发生，唯一的方法便是要运用些聪颖的智慧。

通常，拒绝应当机立断，不能含含糊糊，态度暧昧。但是态度和手段是不同的，态度坚决不等于手段生硬，具体的拒绝方式是颇有讲究的。拒绝的时候应该摈弃直言直语的习惯，因为直言直语的习惯往往会令被拒绝的人感到没有面子。用温和曲折的语言，去表达拒绝之本意，与直接拒绝相比，更容易被接受。因为它在更大程度上顾全了被拒绝者的尊严，所以是对人际交往影响最小、最应该学习和揣摩的方式。

对方提出某项事情的请求，你却想有意识地回避，则可以把话题引到其他事情。这样既不使对方感到难堪，又可逐步减弱对方的企求心理，达到婉转谢绝的目的。对于别人的请求，不要一开口就说"不行"，而是表示理解、同情，然后再据实陈述无法接受的理由，以获得对方的理解，使其自动放弃请求。实事求是地讲清自己的困难，同时热心介绍能提供帮助的人。这样，对方不仅不会因为你的拒绝而失望、生气，反而会对你的关心、帮助表示感谢。对方提出请求后，不必当场拒绝，可以采取拖延的办法。你可以说："让我再考虑一下，明天答复你。"这样，既赢得了考虑时间，又会使对方认为你是很认真地对待这件事情。

还可以通过身体姿态或非直接的语言，更加委婉地把自己拒绝的意图传递给对方。比如你希望中断交谈时，可以转动脖子、用手帕擦拭眼睛或者按太阳穴，这些看似漫不经心的小动作意味着一种信号：我累了，希望早一点停止谈话。显然，这是一种暗示拒绝的方法。此外，微笑的中断、较长时间的沉默也可表示对谈话不感兴趣、内心为难的心理。当然，也可以是语言暗示，如："找我有什么事吗？我正打算出去。""还要给你添些茶吗？"等，从而间接表达了拒绝的愿望。

简单地说"不"，不叫拒绝，拒绝是要讲究艺术的：既要拒绝对方的不适当的要求，又不能伤害对方的自尊，同时又不能损害彼此的正常关系。要让对方明白你的拒绝是出于万不得已，很是抱歉。但是又不能让对方认为你在有意敷衍。这种敷衍的结果，对方还会再三再四地来缠扰你。总有一天发觉这是你的拒绝，以前的话全是托词、敷衍、骗人，那么不仅对方怨恨你，而且你也暴露了你的弱点：懦弱和虚伪。

【心理学专家告诉你】

有信用者必不多言，有才谋者不必多言，有道德的人绝不乏言。拒绝通常是困难的，但是只要明白为什么拒绝以及怎样拒绝，使婉转的拒绝成为习惯，拒绝就不会成为人际沟通的障碍。

宽容是化解冲突的秘诀

唐朝宰相陆贽，曾偏听偏信，认为太常博士李吉甫结党营私，

第一章　每天读点社交心理学

便把他贬到明州做长史。不久，陆贽被罢相，贬到明州附近的忠州当别驾。后任的宰相了解李、陆之间的私怨，便玩弄权术，特意提拔李吉甫为忠州刺史，让他去当陆贽的顶头上司，意在借刀杀人。不料李吉甫不记旧怨，上任伊始便特意与陆贽饮酒结欢。对此，陆贽深受感动，便积极出点子，协助李吉甫把忠州治理得一天比一天好。李吉甫不念旧恶，宽待了别人，也帮助了自己。

情感再深厚的朋友之间也难免有一些"麻烦"，比如意见不合、经济纠纷等等。这些"麻烦"可大可小，处理不好就会造成友情断绝，甚至反目为敌。如果处理得及时妥善，就会使人尽释前嫌。

因此，我们今天的朋友应当记住，朋友之间有"麻烦"是正常的，及时妥善处理才是最重要的。发生争论时，正确的态度应该是"求同存异"，"求同"意在争论中找到共同点；"存异"意在承认不同观点的存在。正确的方式是不要正面冲突，使争论以缓和方式进行，正面冲突容易让双方都下不来台，会由争论变为争吵，甚至升级为打骂。最好的办法是避免在朋友间出现争论，要做到这一点必须持这样一个标准：原则问题可以争论，细枝末节的东西大可不必争个"你死我活"。这样，在你和朋友间出现争论的机会就会少得多。

朋友之间的纠纷，如果双方坦诚相待，还是能够达成一致的解决办法的。只要不存在欺诈，是不难解决的。

朋友之间发生歧见时，要继续保持忠诚和信任，不能因为双方存在歧见而诋毁朋友，甚至在某些场合还要维护朋友的威信、观点，始终相信朋友的优良品质。暂时拉开距离，有利于双方的歧见处在一个"冷冻"状态，避免歧见继续扩大。同时也要积极寻求解决之道。不要让歧见一直成为屏障隔在两人之间，积极地想出一些解决办法来消除歧见，达成共识。歧见存在时间愈久，副作用愈大。如果难以达成共识，就应心存宽容。

宽容是一种对人的态度，也是一种心态。它的核心是别人有权利与我的意见不一致，有权利表达不同意见，有权利说"不"。宽容也指，当我认为自己是对的时候，他人也可能是对的，即便彼此有不同意见，甚至可能反差很大。宽容也只能从固执己见和偏见中解脱出来。

宽容同时也指对于有过失的人，不要穷追猛打，不要抓住不放。人犯错误，是在特定的时间、特定的条件下，在特定的因素和氛围中犯下的。换言之，如果是我们自己处在那种特定的场合下，我们也可能犯同样的错误。

宽容也指别人不一定要按我的意见行事，只要他人能谈得出一定道理来，我们就该尊重他的意见。同时，就是他人没道理，我们也不应该摆出一幅得理不饶人的姿态。得理也要绕人。宽容也就是能忍耐。

宽容也指不走极端，不给自己和他人定性定调，把他人划入某一类别。经过这么多年的学习和工作，我慢慢悟出：人都是要变的。人与人之间的关系也是要变的。没有固定不变的东西，这世界极端的东西就是失败的东西。

乐于忘记是成大事者的一个特征，既往不咎的人，才可甩掉沉重的包袱，而大踏步地前进。人要有"不念旧恶"的精神，况且在朋友之间，在许多情况下，人们误以为"恶"的，又未必就

第一章　每天读点社交心理学

真的是什么"恶"。退一步说，即使是"恶"的，对方心存歉疚，诚惶诚恐，你不念旧恶，以礼相待，说不定也能改"恶"从善，尽心来报答你的宽容之情。

【心理学专家告诉你】

古人云："人之有德于我也，不可忘也；吾有德于人也，不可不忘也。"不良的人际关系往往呈双向性。主动与人修好，不但不会失面子，反而显得更为大度和宽容，更加有利于消除对方的成见。

以己度人的投射效应

有这样一个小故事：

一天晚上，在漆黑偏僻的公路上，一个年轻人的汽车轮胎爆炸了。年轻人翻遍了工具箱，也没有找到千斤顶。怎么办？这条路半天都不会有车子经过，他远远望见一座亮灯的房子，决定去那个人家借千斤顶。在路上，年轻人不停地在想：

"要是没有人来开门怎么办？"

"要是没有千斤顶怎么办？"

"要是那家伙有千斤顶，却不肯借给我，该怎么办？"

……

顺着这种思路想下去，他越想越是生气，当走到那间房子前，敲开门，主人刚出来，他冲着人家劈头就是一句："你那千斤顶有什么稀罕的。"弄得主人丈二和尚摸不着头脑,以为来的是个精神病人,"砰"的一声就把门给关上了。

这是一个笑话,比喻有些人以己度人,把自己消极的想象投射到对方身上。以为对方会对自己不友好,结果真的导致了对方的不友好。心理学研究发现,人们在日常生活中,经常不自觉地把自己的心理特征(如个性、好恶、欲望、观念、情绪等)归属到别人身上,认为别人也具有同样的特征,心理学家们称这种心理现象为"投射效应"。

生活中,投射效应主要发生在两种情况下:

一是当他人的年龄、职业、性别、社会地位、身份特性与自己相同时,投射效应比较容易产生。这主要是因为人们总是评价与自己相同的人,习惯于与这些人进行比较,所以一旦发现一个,就"情不自禁"地去作一番"投射性"的比较,以平息心中与人"试比高"的冲动或欲望。另一种情形是,当一个人意识到自己的某些不称心的特性时,就会把自己所不喜欢,或不能接受的自己的性格、态度或欲望,转加到别人身上,说是别人有这种恶习或恶念。这种类型的投射有一个明显的特征,即当意识到自己的某些不称心特性时,一个人更愿意或更经常把这些特性投射到自己尊敬的人或者比自己强得多的人身上。因为他们认为,这些名人有这些特性并不至于损害其形象和影响其交往,我无名小辈有这些特性也就无伤大雅。通过这种投射,重新估价这些特性,以求心理上的平衡。

人都有七情六欲,也会有一些共同的需要,而同处于一个社

第一章　每天读点社交心理学

会,具有相同的身份地位、生活经历的人则具有更多的共性,因此,投射作用在很多时候都还是比较准确的。但是不要忘了,"人心不同,各如其面",人与人毕竟是不同的,不考虑个体差异,胡乱地投射一番,就会出现错误。

夫妻之间,女人一般比男人心细,更加注重小事情。婚后,如果丈夫因为工作忙,忘记了结婚纪念日,或者在一些生活小事上不像结婚以前那么体贴,妻子可能就认为丈夫对她的重视降低了。其实男女的观念不同,男人结了婚,就比较注重实际,他以为妻子也是如此,而对一些小事不太在意。这说不上谁是谁非,更重要的是在沟通的基础上,达成理解。

由于人都有一定的共同性,都有一些相同的欲望和要求,所以,在一般情况下,我们对别人作出的推测都是比较正确的,但是,人毕竟有差异,因此推测总会有出错的时候。人的心理特征各不相同,即使是"福"、"寿"等基本的目标,也不能随意"投射"给任何人。

【心理学专家告诉你】

人际交往的前提是,能够站在对方的立场上,想对方所想,理解对方的需要和情感。这样两个人才能在内心实现真正的沟通,也更容易达成谅解和共识。

刻板印象的两面性

从前有对乡下夫妻在门口纳凉，老婆问："当家的，皇上天天上山打柴用的一定是把金斧子吧？"

老公冷笑道："蠢婆娘！当了皇上还用打柴吗？他老人家一准儿天天在院子里摇着扇子乘凉，喝小米粥，还有人伺候着呢！"

这对乡下夫妻犯的错误，心理学称为刻板印象。刻板印象指的是人们对某一类人或事物产生的比较固定、概括而笼统的看法，是我们在认识他人时经常出现的一种相当普遍的现象。关于刻板印象的特征，有学者将其归纳为：它是对社会人群的一种过于简单化的分类方式；在同一社会文化或同一群体中，刻板印象具有相当的一致性；它多与事实不符，甚至有的是错误的。

刻板印象具有两方面的作用：

一方面是积极作用。刻板印象能使人在客观事物、客观环境相对不变的情况下，对人和事物知觉得更迅速、更有效。"物以类聚，人以群分"，居住在同一个地区、从事同一种职业、属于同一个种族的人总会有一些共同的特征，因此，刻板印象一般说来都还是有一定道理的。个体在认识新的事物时，头脑里并不是一张白纸，而是已经积累了一定的知识、经验，正是凭借这些知识、经验，才使个体对新事物认识得迅速、有效，而不至于需要长时期的摸索。知识、经验的可贵正是在这里。特别是人们对事物规律性的认识所产生的定式效应，其积极作用更是明显。

另一方面，刻板印象也能产生消极作用。客观事物千差万别，

第一章 每天读点社交心理学

情况又总在不断变化，因此仅仅凭借已有的经验、知识、认识去认知新的事物，又往往容易使人在认识上出现偏差。"刻舟求剑"就是对这种错误思维方式的比喻。

刻板印象的形成，主要是由于我们在人际交往过程中，没有时间和精力去和某个群体中的每一成员都进行深入的交往，而只能与其中的一部分成员交往，因此，我们只能"由部分推知全部"，由我们所接触到的部分，去推知这个群体的"全体"。

前苏联社会心理学家包达列夫曾经将一个人的照片分别给两组被试者看，照片的特征是眼睛深凹，下巴外翘。向两组被试者分别介绍情况，给甲组介绍情况时说"此人是个罪犯"；给乙组介绍情况时说"此人是位著名学者"，然后，请两组被试者分别对此人的照片特征进行评价。

评价的结果，甲组被试者认为：此人眼睛深凹表明他凶狠、狡猾，下巴外翘反映其顽固不化的性格；乙组被试者认为：此人眼睛深凹，表明他具有深邃的思想，下巴外翘反映他具有探索真理的顽强精神。为什么两组被试者对同一照片的面部特征所作出的评价竟有如此大的差异？原因很简单，是人们对社会各类的人有着一定的定型认知。把他当罪犯来看时，自然就把其眼睛、下巴的特征归类为凶狠、狡猾和顽固不化，而把他当学者来看时，便把相同的特征归为思想的深邃性和意志的坚忍性。

刻板印象一经形成，就很难改变，因此，在日常生活中，一定要考虑到刻板印象的影响，例如，市场调查公司在招聘入户调查的访员时，一般都选择女性，而不选择男性，因为在人们心目中，女性一般来说比较善良、较少攻击性、力量也比较单薄，因而入户访问对主人的威胁较小；而男性，尤其是身强力壮的男性如果要求登门访问，则很容易被拒绝，因为他们更容易使人联想到一系列与暴力、攻击有关的事物，使人们增强防卫心理。

【心理学专家告诉你】

刻板印象往往不是以直接经验为依据，也不是以事实材料为基础，只是凭一时偏见或道听途说而形成的。如果不明白这一点，在与人交往时，宁可相信作为"尺寸"的刻板印象，也不相信自己的切身经验，就会出现错误，导致人际交往的失败。

看透耀眼的光环

春秋战国时期，卫国大臣弥子暇深受卫灵公的宠爱。一天晚上，弥子暇听说母亲突然生病，匆匆偷驾着卫灵公的坐车赶回家看望母亲。按照当时卫国的法律，这是要砍掉双脚的。但是卫灵公非但没有怪罪弥子暇，反而称赞他说："你真孝顺呀，为了看望母亲，连违法受刑也顾不上了。"

一次，弥子暇陪同卫灵公观赏果园，他尝了一个桃子，觉得很好吃，就将吃剩的桃子献给卫灵公。照理说这是大不敬的行为，可是卫灵公却说："你真爱戴我呀，有好东西也不独自享用，留下来给我尝。"

可是后来弥子暇因事冒犯了卫灵公，失宠了。卫灵公想起旧事，气呼呼地说："这家伙早就不是个好东西，擅自驾乘我的车，

第一章　每天读点社交心理学

还把吃剩的桃子给我吃,真应当从重处罚他。"

人的认知存在情感旁推的心理现象,容易以点代面,以偏概全,也就是人们在认知的过程中,观察对象时,对象的某个特点、品质特别突出,就会掩盖人们对对象的其他品质和特点的正确了解,被突出的这一点起了类似晕环的作用,导致观察失误。这种错觉现象就叫"晕轮效应"。卫灵公这种前后态度的巨大转变,就体现了晕轮效应的作用。他宠信弥子暇的时候,认为弥子暇做的事都是好的,不满意弥子暇的时候,便认为他做的一切都是坏的。

晕轮效应最早是由美国著名心理学家桑戴克于上世纪20年代提出的。他认为,人们对人的认知和判断往往只从局部出发,扩散而得出整体印象,也即常常以偏概全。一个人如果被标明是好的,他就会被一种积极肯定的光环笼罩,并被赋予一切都好的品质;如果一个人被标明是坏的,他就被一种消极否定的光环所笼罩,并被认为具有各种坏品质。这就好像刮风天气前夜月亮周围出现的环形月晕。其实呢,圆环不过是月亮光的扩大化而已。据此,桑戴克为这一心理现象起了一个恰如其分的名称:晕轮效应。

我们在评价他人的时候,常喜欢从其某一点特征出发来得出或好或坏的全部印象,就像光环一样,从一个中心点逐渐向外扩散成为一个越来越大的圆圈,因此晕轮效应有时也称光环效应。晕轮效应对人际交往有很大的影响。多数情况下,晕轮效应常使人出现"以偏概全"、"爱屋及乌"的错误,影响理性人际关系的确立。话说回来，晕轮效应可以增加个体的吸引力而助其获得某种成功，这或许是有利的一面。

晕轮效应的弊端在于绝对化看人的方法，把人的某一突出部分不适当地延伸并掩盖其他部分。为了防备晕轮效应的不利影响，我们要善于倾听和接受他人的意见，尽量避免感情用事，全面评价他人，理性和人交往。如果想利用晕轮效应的有利面，我们在与人交往时应采用先入为主的策略，全面展示自己的优点，掩饰缺点，以留给他人尽量完美的印象。

生活中也经常可以见到晕轮效应。比如学校里，某学生数学课考试不及格，他的数学老师就推断这个学生一定是贪玩的学生，学习不努力，天资不聪慧，将来也不会有大作为等等，从而对这个学生不太关心和过问了；而对一个数学成绩好的学生，数学老师往往会认为这个学生学习努力、认真，天资聪慧，将来必有出息，在与该学生的互动中也就会自觉不自觉地关注他的进步，并及时给予鼓励。

【心理学专家告诉你】

一个人对他人的偏见常会得到自动的"证实"。比如，你对某人存有怀疑之心，时间一长，自然会为人所察觉，对方必然会产生离心和戒心。由于一方感情的偏失，导致对方的偏失，反过来又加强了自己偏失的程度。

第一章　每天读点社交心理学

警惕误入隐私禁区

曾经有一家酒店招聘服务员，面试题目是：如果你推开客房的门，看见一位女客人正赤身裸体地待在房间内，你应该怎么办？一般应聘者的回答都是说："对不起，女士。"然后关上房门。但是最后得到职位的应聘者的答案是说："对不起，先生。"然后关上房门。

每个人都有不想让大家知道的事情，那就是隐私。与人相处的过程中，要极力避免谈论别人的隐私，否则会降低你的人格，缺乏修养，甚至破坏与他人的和睦关系。

要是别人能将自己的隐私告诉你，那说明你们之间的友谊肯定超出别人一截，否则他不会将自己的秘密向你和盘托出。但是如果他发现自己的秘密被曝光，肯定认为是你出卖了他，并会为以前的付出和信任感到后悔。因此，不随意泄露个人隐私是巩固人际关系的基本要求，如果做不到这一点，恐怕没有哪个人敢和你推心置腹。

有的人会认为关心别人的私事是一种关系亲密的暗示，或者是导向亲密关系的途径。事实上，有些东西是不方便与人分享的，所以在希望别人不要探视你的内心世界的同时，将心比心，你也不要用谈论隐私的方式来拉近和别人的关系。

避免谈论别人的隐私，一是不可在谈话中刺探别人的隐私，二是不可知道了别人的隐私就到处宣扬。对待别人的隐私，切忌人云亦云，以讹传讹。首先你要明白，你所知道的关于别人的事情不一定确凿无疑,也许另外还有许多隐情你不了解。要是你不加思考就把所听到的片面之言宣扬出去,难免不颠倒是非,混淆黑白。

现实生活中有一种人,最喜欢把别人的隐私编得有声有色,夸大其词地逢人就说。要是有人向你说某人的隐私,你唯一应该做的事情,就是像保守你自己的秘密一样,守口如瓶,同时不要深信这些片面之词,更不必记在心上。

除了自己对别人的隐私把握尺度以外,如何保护自己的隐私和应对别人的关心或者窥探也是一门艺术。比如尽量不要把私人领域的事情带到工作中去,当有人亲切地问起"你最近怎么样"这类话题时,除了大而化之地说"还行"或者"挺好"之外,你还能怎么办?你知道对方是出于善意的关心,你也知道对方期待着你在"还行"或者"挺好"之外还能再多说点什么,以显示你们的关系比一般客套更进一步。但无论如何,这时候必须谨记,千万别把人家当成了心理医生,也不要让人担起"保守保密"的责任。

所以说,与人相处,不要把自己过去的事全让人知道,特别是那些不愿让他人知道的个人秘密,要做到有所保留。向他人过度公开自己秘密的人,往往会因此而吃大亏。因为世界上的事情没有固定不变的,人与人之间的关系也不例外。大千世界,今日为朋友,明日成敌人的事屡见不鲜。一个人如果把自己过去的秘密完全告诉别人,一旦感情破裂,反目成仇或者他根本不把你当作真正的朋友,你的秘密他还会替你保守吗?也许,他不仅不为你保密,还会将所知的秘密作为把柄,对你进行攻击、要挟,弄

第一章　每天读点社交心理学

得你声名狼藉、焦头烂额。那时的你，后悔也来不及了。

不相信任何人，无疑自我封闭，永远得不到友谊和信任。而相信任何人则属幼稚无知，终归吃亏上当。两者皆不可取，你应该永远记住：秘密只伴随自己，千万不要廉价地送给别人。为此，与人交往时，你要避免自己的感情冲动和谈话时间过长，做好必要的防范。

【心理学专家告诉你】

无数事实都告诉人们，不应该去主动了解别人的隐私。可是，有时候尽管我们不愿主动去打听别人的隐私，却无意间看见或听见了，这时候应该怎么办呢？最巧妙的做法，就是装聋作哑，假装没有注意到，并且让当事人也认为你根本没有注意到。

不要用报复发泄怨恨

战国时的楚王非常宠爱一位叫郑袖的美女。郑袖不但漂亮，也非常工于心计。不久，楚王又新得到一位美女，就把郑袖冷落到了一旁。郑袖妒火中烧，于是暗暗筹定计策。

她故意与新美人套近乎，告诉她楚王的一些习惯。新美人对郑袖心怀感激。郑袖对新美人说："昨天楚王到我这里来，对你赞美有加，只是稍嫌你的鼻子长得不好，你以后见了楚王可以把鼻子遮起来。"美女信以为真。不料郑袖回头却告诉楚王说："新来的美人说王有狐臭气，见面时都得掩着鼻子才行。"楚王一看

41

果然如此，于是怒不可遏，令人砍掉美女的鼻子，赶出宫去。郑袖自然夺回了楚王的宠爱。

在社会交往中，有些人以攻击的方式对那些曾给自己带来伤害或不愉快的人发泄不满，这种情绪就是报复。报复心理是一种不健康的心理状态，它不仅会对报复对象造成这样或那样的威胁，而且有害自己的心理健康。试想，如果这个世界上每个人都"有仇必报"的话，那么冤冤相报何时了，社会又怎么能够平静安稳？

心理学家发现，我们报复，是因为我们总认为，较之于对方的理由或痛苦，我们遭受的痛苦更切肤可感，我们回击的理由更显而易见。这种想法导致互相伤害的升级，使得我们想当然地以为对方应该负全部责任，进而相信我们的回击是对对方行为的合理反应。

人们总认为报复的受害者是被报复者，其实不然，最倒霉的受害者往往会是报复者本人。在报复者实施报复之前，报复者就会跌进扭曲、变态的心理深渊。报复者会花很多时间去构思、幻想和实践报复的内容。很多时候报复者完全处于阴暗的心理状态之中，他们会有自觉犯罪的心理，因此心存报复的人内心难得明朗，发霉的心久而久之便会形成一种畸形的态势，而这种状态会在日常生活中显现出来。当报复心驾驭了人的灵魂时，报复者就自己为自己判了"无期徒刑"。

报复毕竟是对他人的一种伤害，每个人在产生报复的念头时务必要多考虑报复的危害性。报复行为会不会受到社会舆论的谴责？会不会触犯纪律或法律？如果良心约束不了自己，那只有用法律来束缚。

第一章　每天读点社交心理学

有报复心理的人一般心胸狭窄，容易受情绪影响，而且恶劣心境的作用强烈而漫长。要知道，以恶治恶并不是惩恶扬善，而是对邪恶的姑息养奸。多一点宽容，根除报复心理，就能够赢得更多的朋友。

当他人给自己带来伤害或不愉快时，应该试着回想自己是否也给别人带来过同样的伤害。如此将心比心，报复的欲念就会慢慢散去。在人际交往中，不可能没有利害冲突。当受挫折或不愉快时，不妨进行一下心理换位，将自己置身于对方境遇中，想想自己会怎么办。通过这样的换位，也许能理解对方的许多苦衷，正确看待他人给自己带来的挫折或不愉快，从而消除报复心理。

释迦牟尼说：以恨对恨，恨永远存在；以爱对恨，恨自然消失。耶稣也劝导世人"爱你的敌人"。所以，面对生活中的一些伤害，要开阔心胸，提高自制能力，用宽容去化解一切怨恨，让大家都生存在宽容、温暖的阳光下。宽容地对待你的敌人、仇家、对手，在非原则的问题上，以大局为重，你会得到"退一步海阔天空"的喜悦、化干戈为玉帛的喜悦和人与人之间相互理解的喜悦。

【心理学专家告诉你】

哈佛大学心理学教授D·吉尔伯特说：每个人都该学会用动机和效果统一的观点去衡量人的行为，这样可以减少许多不满情绪的产生，为报复心的萌生断了后路。学着不要一味相信我们的大脑告诉我们的对别人的感受，学着开始信任别人对他们自己的陈述，或可避免伤心与互责。

恭维背后有玄机

古代有个官员要到外地任职,临行前去向老师拜别。

老师说:"地方官不容易当,你要小心谨慎为好。"

官员说:"老师放心,我准备了高帽一百顶,逢人便送一顶,这样就不会有什么问题了。"

老师听了很生气,当场训斥他:"吾辈为官,不可搞邪门歪道,哪有像你这样办事的!"

官员说:"老师这话很对。不过,当今世上,像老师这样不喜欢戴高帽的,能有几个?"

老师听了转怒为喜,点点头说:"你这一句话倒也说得很对!"

官员辞别出来后,笑着对人说:"我的百顶高帽,如今只剩下九十九顶了。"

心理学认为,虚荣心是一种被扭曲了的自尊心,是自尊心的过分表现,是一种追求虚表的性格缺陷,是人们为了取得荣誉和引起普遍注意而表现出来的一种不正常的社会情感。

人人都有自尊心,都希望得到社会的承认,这是一种正常的心理需要。自尊一般通过在谦虚、进取、真实的努力中获得。有自尊的人不掩盖缺点,不会不懂装懂,夸夸其谈,也不会把失败和不如意归咎于他人,而是通过进行深刻的批评与自我批评来改进自己。但虚荣心强的人不是通过实实在在的努力,而是利用撒谎、投机等不正常手段去渔猎名誉。

人人都愿意被人奉承,正直的人也往往会被一顶顶"高帽"

第一章　每天读点社交心理学

击中，在不知不觉中因这顶"高帽"而沾沾自喜。"高帽"的隐蔽性和世人的虚荣心成就了它的盛行，而其危害性又很大，往往使你不自觉地落入对方的圈套。

虚荣心的产生与人的"尊重需要"有关。尊重需要包括对成就、力量、权威、名誉、地位、声望的需要等方面。一个人的需要应当与自己的现实情况相符合，否则就要通过不适当的手段来获得满足，在条件不具备的情况下，达到自尊心的满足就会滋生虚荣心。因此，虚荣心是以不适当的虚假方式来保护自己自尊心的一种心理状态。它是自尊心的过分表现，是为了取得荣誉和引起普遍注意而表现出来的一种不正常的社会情感。

虚荣心不同于功名心。功名心是一种竞争意识与行为，是通过扎实的工作与劳动取得功名的心向，是现代社会提倡的健康的意识与行为。而虚荣心则是通过炫耀、显示、卖弄等不正当的手段来获取荣誉与地位。

虚荣心理的表现是多方面的：对自己的能力、水平过高估计；处处炫耀自己的特长和成绩，喜欢听表扬，对批评恨之入骨；常在外人面前夸耀自己有点权势的亲友；对上级竭尽拍马奉承；不懂装懂，打肿脸充胖子，喜欢班门弄斧；家境贫寒却大手大脚，摆阔气赶时髦；处处争强好胜，觉得处处比人强，自命不凡；把生活中的失误归咎于他人，从不找自身的原因；有了缺点，也寻找各种借口极力掩饰；对别人的才能妒火中烧，说长道短，搬弄是非等等。

虚荣的深层心理就是心虚。表面上追求面子，打肿脸充胖子，内心却很空虚。表面的虚荣与内心深处的心虚总是不断地在斗争着：一方面在没有达到目的之前，为自己不尽如人意的现状所折磨；另一方面即使达到目的之后，也唯恐自己的真相败露而恐惧。一个人如果永远被这至少来自两方面的矛盾心理所折磨，他们的心灵总会是痛苦的，完全不会有幸福可言。

【心理学专家告诉你】

英国哲学家培根说："虚荣的人被智者所轻视，愚者所倾服，阿谀者所崇拜，而为自己的虚荣所奴役。"要想在人际关系中保持主动，就应该丢弃别人送给你的"高帽"，而要凭借自己实力去争取荣誉。

走出孤僻的阴影

2007年4月16日当地时间7点15分，美国弗吉尼亚理工大学发生了美国历史上最严重的恶性校园枪击案。枪击造成33人死亡，枪手本人开枪饮弹自尽，枪击案疑犯为23岁的韩籍青年赵承熙。有关当局至今还无法确定到底是什么使得赵承熙爆发并制造了16日的校园枪击惨剧。

与赵承熙相识多年的人都说，他不管愤怒、沮丧或是心烦，都从来没有任何表情。他通常都轻声说话，并且完全拒绝对老师和同学敞开心扉。弗吉尼亚理工大学发言人拉里·辛克尔说，赵承熙是个"独来独往的人"。

第一章　每天读点社交心理学

孤僻，也就是常说的"不合群"，是指不能与人保持正常关系，经常离群索居的心理状态。孤僻的人一般性格内向，主要行为表现是不愿与他人接触，待人冷漠。对周围的人常有厌烦、鄙视或戒备的心理。孤僻的人缺乏朋友之间的欢乐与友谊，交往需要得不到满足，内心感到苦闷、压抑、沮丧，感受不到人世间的温暖，看不到生活的美好，容易消沉、颓废、不合群，缺乏群体的支持，整天提心吊胆地过日子，忧心忡忡，容易出现恐怖感。被这种消极情绪长期困扰，也会损伤身体。

孤僻的性情年幼时就会有所表现：不爱讲话，不爱与其他人接近、交往，对别人的呼喊没有反应，也不跟人打招呼。孤僻的儿童社会交往能力和行为异常，表现为对亲友无亲近感，缺乏社会交往方面的兴趣和反应，不爱与伙伴一起玩耍。

幼年的创伤经验是孤僻者产生不良习惯和消极心态的重要原因。研究表明，父母离婚、父母的粗暴对待、伙伴欺负、嘲讽等不良刺激，使儿童过早地接受了烦恼、忧虑、焦虑不安的不良体验，会使他们产生消极的心境甚至诱发心理疾病。母爱的缺失或过于严厉、粗暴的教育方式，使子女得不到家庭的温暖，他们会变得畏缩、自卑、冷漠、过分敏感、不相信任何人，最终形成孤僻的性格。

孤僻者猜疑心较强，容易神经过敏，办事喜欢独来独往，但也免不了为孤独、寂寞和空虚所困扰。由于缺乏必要的社会交际能力和方法，使得孤僻者在人际交往中遭到拒绝或打击，如耻笑、埋怨、训斥，使他们的自主性受到伤害，便把自己封闭起来。越不与人接触，社会交往能力就越得不到锻炼，结果就越孤僻，形成恶性循环。

行为孤僻、缺乏社会交往的人，应该正确评价和认识自己和他人。孤僻者一般都不能正确地认识自我。有的自恃比别人强，总想着自己的优点、长处，只看到别人的缺点、短处，自命不凡，认为不值得和别人交往；有的倾向于自卑，总认为自己不如人，交往中怕被别人讥讽、嘲笑、拒绝，从而把自己紧紧地包裹起来，保护着脆弱的自尊心。这两种人都需要与别人交流思想，沟通感情，一方面要正确认识孤僻的危害，敞开闭锁的心扉，追求人生的乐趣，摆脱孤僻的缠绕；另一方面要正确地认识别人和自己，努力寻找自己的长处。

学习交往技巧，优化性格，是孤僻者改正不良行为方式的有效途径。可看一些有关交往的书籍，同时多参加正当、良好的交往活动，在活动中逐步培养自己开朗的性格。要敢于与别人交往，虚心听取别人的意见，同时要有与任何人成为朋友的愿望。这样，在每一次交往中都会有所收获，获得了友谊，愉悦了身心，会重树你在大家心目中的形象，有利于改变孤僻的习惯。

【心理学专家告诉你】

孤独感对自身健康十分有害，它给我们带来的是种种消极的体验，如无助、沮丧、抑郁、自卑、烦躁、绝望等。一个长期被孤独感笼罩的人，精神长时间受压抑，会导致心理失衡，影响智力和才能的发挥，还会产生精神萎靡，失去进取心和生活的信心，甚至引发严重的行为问题。

第二章
每天读点推销心理学

推销工作不能偷懒

著名保险推销员法兰克·贝吉尔，有一个成功的工作信念：推销工作就是要主动去争取顾客，一个能力再平凡的人，只要能遵守每天认真而确实地拜访5个客户的原则，热忱地把保险的好处与他人分享，这样就能成功了。

贝吉尔从事保险行业的第一年即拜访了1849人，有82个潜在保险户，但只成交66件，只有1/29，可见初入此行，一切尚在摸索中，不论是知识、意志、技巧都未成熟，自然艰苦备尝。

后来当贝吉尔技巧逐渐成熟，经验日益丰富，达到每天拜访3个人，即有一位成交的工作效率。20年中，他每天拜访5人次，一生累计有4万人次的拜访记录，成果哪有不丰盛之理？

推销员的两个大敌：一为偷懒，一为未能充分利用时间。那些看起来无聊的社交活动，容易而且有趣。与之相对的是你的工作——不停地推销、攻克难关，这些事情让人头痛，毫无乐趣可言。所以，你可能开始像其他人一样，放纵自己，不加抵抗，拖延敷衍，为自己找出种种借口避免做那些原本就是你应该做的事。于是，你开始和周围的人一样避免行动，得过且过。

要想使你的业绩更加出色,你必须保持以下几个数量的足够大:

潜在顾客数量要足够大。所谓推销,就是你找到一些人,然后把东西卖给他。一般而言,你的销售额与你所寻找到的潜在顾客数量成正比。如果你寻找到10位顾客做成一笔生意的话,那么,你寻找到100位顾客就可能做成10笔生意,找到1000位顾客就可能做成100笔生意。正如英国一句推销格言:"你的潜在顾客多,你的钱包就不会瘪。"有一些推销员每天出门推销时还在考虑,今天我向谁推销呢,这样是无法造就一个成功推销员的。

拜访顾客的次数足够大。美国由推销员起家成为亿万富翁的"刷子大王"弗勒说:"你敲门的次数越多,你的销售业绩就越高。"推销员不仅要拜访更多的顾客,而且对同一位顾客也要做多次拜访。日本最佳推销员平均每得到顾客一份订单,需要对他拜访6.4次。他们不厌其烦地拜访顾客,以致有的顾客对他们说:"你这种顽强的劲头,我算服了。"于是,下决心购买;然而,有一些推销员只拜访顾客一两次,甚至一次,被拒绝后就不再去推销。

被拒绝的次数足够多。推销员在面对顾客拒绝时继续推销的次数越多,销售业绩就越高。以年签订4988份合同而创世界纪录的日本推销大王齐滕竹之助向五十铃公司推销,在3年内拜访客户300多次,每次碰壁之后依然继续推销,终于说服以不参加保险为企业原则的五十铃公司投了保。一位超级推销员提出,推销员应以他听到的顾客说"不"的次数多少拿奖金。

向顾客提出成交次数足够多。如果你没有拿到订单,你就是在为竞争对手工作。没有成交就是失败。推销员得到订单的可能性,与他向顾客要订单的次数成正比。据调查,推销员每获得一

第二章 每天读点推销心理学

份订单需向顾客提出4~6次成交要求。在第一次提出成交要求遭拒绝之后你不再努力了,就不会有第4~6次后的成功。

拥有忠诚客户的数量足够大。推销员所拥有的老客户数量越多,销售业绩就越高。

【心理学专家告诉你】

懒于行动的特点,或者说是一种不好的素质,是由人的天性决定的,但是有5%的人可以练就更加卓越的素质来使它消失,而其余95%的人却因为它的存在而在平庸中度过自己的一生。这就是为什么总是只有5%的人能获得成功。

勇于向困难挑战

一个富人见一个穷人很可怜,发善心愿意帮他致富。富人送给穷人一头牛,嘱咐他好好开荒,等到春天播下种子,秋天就可以远离贫穷了。

穷人满怀希望开始开荒,可是没过几天,牛要吃草,人要吃饭,日子比过去还难,穷人就想,不如把牛卖了,买几只羊,先杀一只吃,剩下的还可以生小羊,长大了拿去卖,可以赚更多的钱。

穷人把计划付诸了行动,只是当他吃了一只羊之后,小羊迟迟没有生下来,日子又艰难了,他忍不住又吃了一只。穷人想,这样下去还得了,不如把羊卖了,买成鸡,鸡生蛋的速度要快一些,鸡蛋立刻可以赚钱,日子立刻可以好转。

每天读点心理学

　　穷人把计划又付诸了行动，但是日子并没有改变，又艰难了。他又忍不住杀鸡，终于杀到只剩一只鸡时，穷人的理想彻底崩溃了。穷人想，致富是无望了，还不如把鸡卖了，打一壶酒，三杯下肚，万事不愁。

　　很快到了春天，发善心的富人兴致勃勃地来送种子，赫然发现，穷人正就着咸菜喝酒，牛早就没有了，房子里依然一贫如洗。

　　很多人都有过像穷人一样的梦想，甚至有过机遇，有过行动，但要坚持到底却很难。一些穷人总是逃避困难，而多数独立创业的富人总是坚决地面对挑战，总能想到解决问题的办法。成功者敢于接受挑战，失败者总是在逃避。逃避困难与挑战永远无法成功，也永远无法摆脱贫穷。

　　推销员的工作是一份经常要"无事找事"的工作，即"把不可能的客户变成可能的客户，把可能的客户变成真正的客户，把每一个新的客户变成长期的客户"。为了做到这一点，要求推销员反应灵敏，闻风而动，具有强烈的进攻意识。而且一旦开始就要咬住不放。不怕被拒绝，不怕听冷漠的搪塞，不怕被人家从办公室赶出来，要有一种信念：只要订单还没有被别人拿走，就有希望，就必须努力。

　　因为业务工作本身就已经充满挑战。你可以是一个收入丰厚的推销员，你同样也可以是一个手头拮据的推销员。你的一切都取决于你的业绩。你现在也许有了一些客户，但是他们还不足以支撑你成为一个优秀的推销员，所以，你还要去开发自己的新客户。于是，你心中开始盘算，会被拒绝吗，他是一个容易被说服

第二章　每天读点推销心理学

的人吗，他会购买吗，这些你难以预料的问题，实际上就是你所面对的挑战。所谓挑战就是那些自己难以知道结果的事情。无论它们有多么扑朔迷离，你都必须要坦然面对，勇敢接受挑战，因为你的目标是推销。不经历这些挑战，不可能成长，没有这些挑战更难以实现自己的人生目标。

在勇敢接受挑战当中，最重要的是你要敢于向自我挑战。相信你也知道，在你的一生当中，很难有一个人能成为你永远的对手，所以你永远都只有一个最大的对手——你自己，他在不断地向你挑战，而你要勇敢面对所有挑战，最重要的就是不只敢于挑战自己并且要战胜自己！

每做一件事，都要尽你所能，比你自己上一次的表现更好，很快你就可以傲视群雄。如果遇到问题了，没有什么了不起，你要相信问题中已经包含着解决的办法，而你有足够的能力找到它并解决它。遇到不幸，没什么了不起，对于你这样一个拥有积极心态的人，每一次不幸都蕴含有等量或更多幸运的种子。遇到困难了，没什么了不起，命运带给你一个困难的同时，也给了你应付这些困难的能力。

【心理学专家告诉你】

你必须向自己的怯弱挑战，变怯弱为无畏；你要向不幸挑战，变不幸为幸运；你要向失败挑战，变失败为成功；你要向贫穷的处境挑战，变贫穷为富有；你要向一切不满意的事物挑战，改变自己的命运，改变自己的世界。

今天的事情今天做

多年以来,一位老农的农田当中一直横亘着一块大石头。这块石头碰断了老农的好几把锄头,还弄坏了他的播种机。老农对此无可奈何,巨石成了他种田时挥之不去的心病。

一天,又一把锄头被碰坏之后,老农想起巨石给他带来这么多麻烦,终于下决心要处理掉这块巨石。于是,他找来撬棍,伸进巨石底下。他惊讶地发现,石头埋在地里并没有想象得那么深,那么重,稍一使劲就可以把石头撬起来,再用大锤打碎,轻而易举地就把石头清出了农田。

老农脑海里闪过多年来被巨石困扰的情景,再想到可以更早些把这桩头痛事处理掉,禁不住露出一脸的苦笑。

推销工作会遇到很多问题,如果找出问题根源立即处理绝不拖延,就不会被问题长久压得透不过气来。今天的痛苦就在今天解决和消化,千万别拖到明天,明天有明天的烦恼。"今天能做的事不拖到明天",这对所有想成功的人来说都是很重要的,对从事最自由职业的推销员来说更是如此。

千万不要把今天的事情留给明天,因为你必须知道明日复明日,明日何其多,你生待明日,万事成蹉跎!要行动,就趁现在!即使你的行动不一定就能够带来快乐与成功,即使失败了,你总是尝试过了,经历过了,付出过了,体会过了,至少有了经验了,以后你再面对同样的问题,或者你再面对同类型的顾客的时候,你总是比别人多了一份经验,这样总比坐以待毙好。你的行动也

第二章　每天读点推销心理学

许不会让你的幻想即理想，甚至一个小小的目标，结出快乐的果实。但是，如果没有行动，所有的果实都无法收获。"要立刻行动！"这也是一句很好的心理暗示语，你可以在今后的时间里，一遍又一遍，每时每刻重复这句话，直到成为习惯，让它就像你的呼吸一般，成为本能。有了这句话，你就能调整自己的情绪，迎接那些畏惧失败的人避而远之的每一次挑战。

在刚开始，你需要一遍又一遍地重复这句话，直到某天清晨醒来时，你默诵着这句话，并开始行动。这样习惯成自然，以后在外出推销时，当那些不懂得马上行动这个道理的人还在犹豫的时候，你已经做好充分准备，开始面对第一个来临的顾客。面对紧闭的大门时，其他推销员也许怀着恐惧与惶惑的心情，在门外等候，但是你要满怀信心地上前敲门！记住，只有行动，才有机会。面对诱惑时，请默诵这句话，然后远离罪恶。在你成功之前不可帮自己的惰性找理由，更不可以放纵自己在声色犬马的娱乐之中。

也许你觉得你已经是一个卓越的商务人员，但是怎么证明呢？事实胜于雄辩，只有行动才能决定在商场上的价值。很多时候，你要获取成功只需要比平常的人多一点点努力就可以了。如果你身边的平庸同行，每天都要睡足 12 个小时，那么你现在就开始比他多一点清醒的时间，每天 8 个小时用来睡觉已经足够了。你只有比你的上司和同行更加严格地要求自己，鞭策自己，才可能取得不同于常人的成就。

【心理学专家告诉你】

一定要养成按时完成计划和任务的习惯，不要为自己不能完成它们找借口。借口只是那些不敢相信自己会成功的人用来蒙蔽自己的麻药。

首先推销自己

小李是一家小酱品厂的业务经理,他的主要工作就是为产品找销路。小李很清楚,厂子的实力和团队是不可能直接做卖场的,要销量只有找经销商做渠道和终端,而只有有实力的经销商才能做好渠道和终端。他仔细分析了地区内的调味品代理商情况,选定了某公司,该公司代理了一大批知名品牌的调味品,年销量5000多万元,是地区最大的综合性调味品代理商,销售网络遍布全省,是再理想不过的合作对象了。

找到该公司的业务经理,对方显然没多少兴趣。小李可是有备而来,他不慌不忙地与该公司的经理聊起了家常。说完发家史,经理又不无发愁地说,公司的发展很快,原来简单的管理方法跟不上了,在管人、管事、管钱各方面都遇到了瓶颈,很是烦恼。小李心想机会来了,自己可是一直在琢磨经销商的内部管理问题,今天可派上用场了。从图表化管理谈到流程设计,从人员轮岗制度说到预案计划,最后小李不仅让厂里的产品以最好的条件跟该公司签了代理合同,还被该公司的老板聘为顾问,专门为他们的内部管理出谋划策。小李可没为卖产品花什么心思,他先成功地把自己推销出去了。

就如同把沟渠堤坝都修筑得很坚固,清水活源自然就来了。

第二章　每天读点推销心理学

如果客户不认同你这个人，恐怕你使多大的劲，销售也不会有多大的进展，因为客户有排斥和抗拒的心理，你的努力自然就大打折扣了。

先推销自己再推销产品，是一个思维方向，但并不是在任何时候都适合这样，任何事情的发生都要考虑到背景。要想成功地把自己推销出去，不是一个简单的过程，除了你必须具备被推销的价值外，你还必须审时度势，在合适的时候做合适的决定。一个最简单的问题就是"你了解对方今天的心情吗？"不要小看了这个问题，这可是你能否成功推销自己的关键！如果对方今天的心情很好，你尽可以洋洋洒洒口若悬河尽情表现，对方也会听得兴趣盎然；如果对方今天心情很糟糕，而你没有察觉，自顾自地推销自己，听到你的絮絮叨叨，他不上火才怪，哪有心情听你推销自己，三下两下把你打发走了，你还推销什么呢？人都是有情绪的，并且绝大多数的人在工作时会受到情绪的影响，你在推销自己之前必须先学会察言观色，这样才会把握火候，在合适的时间合适的背景下推销自己。

总之，具备被推销的价值是基础，学会审时度势是关键，只有这样，你才能有机会成功地把自己推销出去。要成功地把自己推销出去，你必须要有足够大的价值，简单地来讲包括以下几个方面：

足够的专业度。对你的企业、行业、产品、市场有全面深刻的了解，具备当老师和专家的能力。如果被对方驳倒了，那就不能被人认可了。

得体的外在形象。受欢迎的推销员是一个衣着得体、举止文雅、谈吐不俗的人，并以清爽干练、成熟稳重的形象出现在你的对手面前，未开口就先赢得好感，这是一个有效的加分方法。

良好的内在涵养。内外兼修方为得道之理，除了有得体的外在形象，推销员还必须有一定的内在涵养，让人格魅力散发出来。良好的品德涵养能为你赢得更多的尊重与好感，没有人愿意与自私狭隘、唯利是图的人交往，所谓"以德服人"正在于此。

要成功地把自己推销出去，你还必须具备相关的能力，诸如：沟通能力、协调能力、谈判能力、管理能力等。看看以上的能力和素质你具备了多少，准备好了，就可以信心满怀地开始你的成功之旅了。

【心理学专家告诉你】

打造自己的良好形象，先推销自己再推销产品。在与客户的交往过程中抛开公司和品牌，向客户先推销自己，用你自己去吸引客户的关注，引起他们的兴趣，激发他们的热情，再来做产品销售就是很简单自然的事情了。

销售要以产品至上

有位儿童用品推销员介绍他推销一种新型铝制轻便婴儿车的前后过程，非常有趣：

"我走进一家商场的营业部，发现这是在我所见过的百货商店里最大的一个营业部，经营规模可观，各类童车一应俱全。我在一本工商业名录里找到商场负责人的名字，又向女店员打听他

第二章　每天读点推销心理学

的工作地点。女店员说他在后面办公室里，于是我来到那间小小的办公室。

刚进去，他就问："喂，有何贵干？"我不动声色地把轻便婴儿车递给他。

他又说："什么价钱？"我就把一份内容详细的价目表放在他的面前。他说："送60辆来，全要蓝色的。"

我问他："您不想听听产品介绍吗？"他回答说："这件产品和价目表已经告诉我所需要了解的全部情况，这正是我所喜欢的购买方式。请随时再来，和您做生意，实在痛快！"

让产品先接近顾客，让产品作无声的介绍，让产品默默推销自己，这是产品接近法的最大优点。例如，服装和珠宝饰物推销员可以一言不发地把产品送到顾客的手中，顾客自然会看看货物，一旦顾客发生兴趣，开口讲话，接近的目的便达到了。

从心理学角度讲，人们在决定购买之前总希望彻底了解产品及其各种特征，包括产品的用途、性能、造型、颜色、味道、手感，等等。有些顾客还喜欢亲手触摸和检查产品，甚至动手试试，或者干脆拆开，看个究竟。产品接近法正是利用了一般消费者的这种心理。产品接近法给顾客提供一个接触产品的机会，充分调动顾客五官肢体的积极性，发挥其视觉、嗅觉、听觉、味觉、触觉的功能，直接引起顾客的注意和兴趣。现代心理学认为，操弄或操作是人类的基本动机之一。既然人们喜欢操弄产品，推销员何不让他们开开眼界操作操作呢！

不过，采用产品接近法也受到一定的限制。一般说来，在采用产品接近法时，推销员应注意下述问题：

首先，产品本身必须具有一定的吸引力，能够引起顾客的注意和兴趣，这样，才能达到接近顾客的目的。在顾客看来毫无特色、毫无魅力的一般产品，不宜单独使用产品接近法。

产品本身还必须精美轻巧，便于推销员访问携带，也便于顾客操弄。笨重的庞然大物、不便携带的产品不宜使用产品接近法。例如，重型机床推销员、房地产推销员、推土机推销员就不好利用产品接近法。但是，推销员可以利用产品模型、产品图片等作为媒介接近顾客。

推销品必须是有形的实物产品，可以直接作用于顾客的感官。看不见摸不着的无形产品或劳务，不能使用产品接近法。人寿保险、旅游服务、电影入场券等都无法利用产品接近法。

产品本身必须质地优良，经得起顾客反复接触，不易损坏或变质。另外，推销员应准备一些专用的接近产品，平时注意加以保养，以免在顾客操弄时出毛病，影响推销效果。

【心理学专家告诉你】

在利用产品接近法接近顾客时，推销员就是要让顾客先睹为快，先闻为快，先摸为快，满足其操弄和探求的心理。一旦顾客之心大快，也就接近大功告成。

第二章 每天读点推销心理学

做真实的自我

原一平在27岁时进入日本明治保险公司开始推销的生涯。当时,他穷得连午餐都吃不起,并露宿公园。这位落魄的推销员由于一位老和尚的一席话而改变了一生。

有一天,他向一位老和尚推销保险,原一平详细地说明之后,老和尚平静地说:"听完你的介绍之后,丝毫没有引起我投保的意愿。"

老和尚注视原一平良久,接着说:"人与人之间,像这样相对而坐的时候,一定要具备一种强烈吸引对方的魅力,如果你做不到这一点,将来就没有什么前途可言了。"原一平哑口无言,冷汗直流。

老和尚又说:"年轻人,先努力改造自己吧!"

"改造自己?"

"是的。要改造自己首先必须认识自己,你知不知道自己是一个什么样的人呢?"

老和尚又说:"你在替别人考虑保险之前,必须先考虑自己,认识自己。"

"考虑自己?认识自己?"

"是的,赤裸裸地注视自己,毫无保留地彻底反省,然后才能认识自己。"

老和尚的这一席话,就像当头棒喝,一棒把原一平打醒了。他从此努力认识自己,大彻大悟,终成一代推销大师。

每天读点心理学

"认识自己"乃是两千多年前希腊大哲学家苏格拉底的一句名言。这句话包含了无穷的真理,假如我们能领悟这句话的真谛,并且好好实践的话,一生必将受益无穷。

我们拜读世界上各行各业成功人士的传记之后会发现,成功的要诀在于有自知之明,也就是经由认识自己、找到自我之后,不断改造自己,才能逐步走向成功。认识自己,看起来简单,其实相当困难。必须经由自我剖析与别人批评的过程之后,才能够逐步认识自己。

对大多数人而言,认清自己的长短处或向别人承认过错,都是非常难堪的事。因此,许多人总是纵容自己,一旦发生错误每每借口原谅自己,得过且过。只有少数深知从自我剖析之中可获得丰硕成果的人,才甘愿受此种痛苦。他们明了,只有从自我剖析中,才能看清自己的优缺点,才能肯定自我,发挥所长。

由于自我剖析往往不够客观与深入,因此得依赖他人的批评。人是一种有盲点的动物,往往只看见别人的过失,却看不见自己的错误。基于此,他人的批评也就显得非常必要与珍贵。借着他人的批评,才能更客观、更深入地认识自己。因为自己眼中的"我"与他人眼中的"我"有很大的差距。要认识自己诚非易事,必须透过他人眼中的"我",借助他人的批评找出自己的错误,自己才能在认知、反省、改正的过程中,逐步认识自己。

我们知道自己的长处,并发挥自己的长处,不但较易出人头地,获得别人的尊重,自己也会因为工作上的表现,提高自信心,肯定自己。

科学家们常感叹,天然资源的大量浪费乃是悲剧。天然资源的浪费固然是悲剧，但不是最大的，因为世界上最大的悲剧是人力资源的浪费。根据心理学家的统计，人类所使用的能力大约仅占其全部能力的2%。换言之，还有98%的能力尚未使用，人类的长处几乎都还没有开发。

【心理学专家告诉你】

大多数人对自己都没有信心，经过自我剖析之后，发觉自己的长处，知道自己性格的弱点，相信自己的能力，确定自己努力的方向，就能从工作中找到自己，拾回信心。

以诚实赢得信任

霍尔曼是美国享有名望的房地产巨商，也是一个知名度很高的推销员。有一次，他承包的一项房地产买卖意外受阻，其原因是因为这块土地虽靠近火车站，有着交通便利的优势，但因它紧挨木材加工厂，人们难以忍受电动锯木的噪音。在开始的几次业务洽谈中，霍尔曼将实情瞒住，但最后均被买方了解到实情而致使洽谈失败。

后来，霍尔曼先生实事求是地告诉顾客说："这块土地处于交通便利地段，比起附近的土地，价钱便宜得多了。当然，这块土地之所以没有高价卖出，是因为它紧挨着一家木材加工厂，噪音较大。这一点我事先向您说明，免得您不了解实情。"不仅如此，霍尔曼还亲自带领该顾客到现场实地考察，考察完后，该顾客非常满意，并对霍尔曼诚恳的态度大加赞赏。如此一来，霍尔曼先生顺利地完成了这笔令人棘手的房地产买卖。

在推销商品时，光有一副好口才，胡吹乱侃是不行的。坦诚地向顾客道出我们所推销的商品的缺点，由于我们的诚实，说不定会使商品更具诱惑力。

一个出色的推销员要用诚恳的态度，尽心尽力地去打动自己的每一个客户，使客户心甘情愿地掏腰包而不后悔。

也许我们的推销员都能体会到，面对今天林林总总的各类商品，面对日益激烈的商业竞争，面对越来越"挑肥拣瘦"的顾客，要想让人心甘情愿地掏腰包购买我们推销的商品，确实不是一件轻而易举的事。

面对这种有点"残酷"的现实，有一些推销人员便把"顾客就是上帝"的思想抛到了九霄云外。为了使自己的商品能及早脱手，开始采取坑蒙拐骗的手段，甚至玩起一些歪门邪道的"游戏"。

因而，当市面上不少以次充好、以假乱真的商品让人们大上其当后，面对这种可恶的现象，人们不禁深恶痛绝地称其为"奸商"。

实际上，对文明经商的人来说，"无商不奸"这句话应该改为"无商不艰"。他们在推销商品的过程中以诚恳的态度、亲切的话语、详尽的介绍努力工作，以实事求是的精神感动"上帝"，使其心甘情愿地掏腰包而不后悔。这也正是我们今天所提倡的。

在很多时候，顾客对商品、商店、售货员的信任感对其购买行为有很大影响，而这种信任感又常常取决于售货员的语言和态

第二章　每天读点推销心理学

度。因此，售货员不能老是盯着商品说话，不能老是把自己和顾客限于买卖关系之中，而应着眼于多重的人际关系中，以不同的身份说话介绍自己的商品。那么，在通常情况下，售货员要用哪几种不同的身份为自己的商品说话呢？

首先，要以服务员的身份说话。售货员和顾客不单是买卖关系，更是服务与被服务的关系。售货员不单要向顾客提供商品，更要提供服务，不能让顾客"花钱买气受"。当售货员以服务员的身份说话时，应该注意敬语和委婉语的使用，要善于接纳顾客的意见。

通常，在买卖交易的过程中，顾客对售货员怀有双重心理：一方面有戒备心，甚至怕被欺骗；另一方面又有信任感，认为售货员懂得商品，又懂行情。这时，售货员应针对顾客的信任心理，以权威的身份说话。

有时候，售货员以朋友的身份说话就要避免"公事公办"的面孔。因此，在回答问题时要尽量避免否定式，多用肯定语言，以朋友的身份说话。

【心理学专家告诉你】

通过实例的调查，充分说明若想让自己的推销工作在激烈的商战中立于不败之地，首先应该端正自己的经销作风。无论面对哪一个文化层次的顾客，都应把自己所推销商品的优点和缺点、优势和不足坦诚地向他们如实相告，以获取顾客的赞许和信任。

营造"不得不买"的气氛

美国有位推销员帕特,一次为推销一套可供一座40层办公大楼用的空调设备,与某建筑公司周旋了几个月,但买方的董事会迟迟没有作出购买与否的最后决定。

一天董事会通知帕特,要他再一次把空调系统的情况向董事们介绍。热天气使他突生一计,他不再正面回答董事们的问题,而是一开始就自作主张改变了话题。他说:"今天天气很热,请允许我脱去外套,好吗?"说罢,还掏出手帕认真地擦着前额上渗出的汗珠。董事们似乎也感到了闷热的天气,一个接一个脱下外衣,又一个接一个拿出手帕擦汗。

"各位董事,我想贵公司是不想看到来公司洽谈业务的顾客热成像我这个样子的,是吗?

"我公司生产的空调噪音小,而且采用了世界上最好的省电装置,它不仅可以为贵公司节省开支,更重要的是,它可以为来贵公司洽谈业务的顾客带来舒适愉快的感觉,以便成交更多的业务。"于是,董事会很快就作出了购买的决定。

这里起关键作用的,显然是帕特及时抓住了所处环境的特点,恰到好处地利用了环境提供给他的条件,采用了与周围环境极适应的语言表达方式,化被动为主动,趁其不备,击其要害,达到了预定的目标。

在推销商品的时候,气氛是相当重要的,它关系到最终能否成交。只有当推销员与顾客之间感情融洽时,只有在和谐的洽谈

第二章　每天读点推销心理学

气氛中才容易推销商品。推销员把顾客的心与自己的心相通称为"沟通"。即使是初次见面的人,也可以由于利用各种因素而"沟通"。

那么怎样才能营造融洽的气氛呢?要注意的地方很多,时间、地点、场合、环境是最主要的。

其实,推销员只要从一个基本立场出发,即处处为顾客着想,并设法使顾客意识到自己的苦心所在,就能营造出一个好气氛,设置一个好环境。

年轻气盛没有经验的推销员在向顾客推销产品时,往往不愿倾听顾客的意见,自以为是,盛气凌人,不断地同顾客争论,这种争论又往往发展成为争吵,因而妨碍了推销的进展。要知道,在争吵中击败客户的推销员往往会失去达成交易的机会。推销员不是靠同顾客争论来赢得顾客。同时推销员也要知道,顾客要是在争论中输给推销员,就没有兴趣购买推销员的产品了。

没有人喜欢那些自以为是的人,更不会喜欢那些自以为是的推销员。顾客对那些自作聪明者的不友好的建议很反感,就是那些友好的建议,只要它不符合自己的愿望,也同样会感到很反感。有些推销员之所以会与顾客进行激烈的争论,可能是他们忘记了这样一条规则:当某一个人不愿意被别人说服的时候,任何人也说服不了他,更何况是要他掏腰包。

推销员一旦发现自己的看法和顾客的看法发生冲突,就要格外小心。在推销洽谈开始的时候,要避免讨论那些有分歧意见的问题,着重强调双方看法一致的问题,要尽量缩小双方存在的意见分歧,让顾客意识到你同意他的看法,理解他提出的观点。这样,洽谈的双方才会有共同的话题，洽谈的气氛才会融洽。

【心理学专家告诉你】

要改变顾客某些看法，推销员必须首先使顾客意识到改变看法的必要性，让顾客知道你是在为他着想，为他的利益考虑。改变顾客的看法，要通过间接的方法，而不应该直接地影响顾客，要使顾客觉得是他们自己在改变自己的看法，而不是其他人或外部因素强迫他们改变看法。

激发顾客的购买欲望

有位先生到商场选购了一条价值20美元的领带，到收银台前正准备付账时，商场的销售员紧随其后，开了口：

"您买的这条领带很漂亮，您打算穿什么样的西服来配它呢？"

"谢谢夸奖。我是为我那件藏蓝色的西装来搭配的，我想应该很合适吧！"顾客似乎有点想赢得推销员的赞同。

"当然。但是我这里有一种图案和质地跟藏蓝色西装更加搭配的领带，您不妨来看两条。"于是这位先生又买了两条标价为25美元的领带。

销售员接着又为顾客推荐了与这三条领带搭配的衬衣，等顾客再次走到收银台付账时，他拿出了190美元现金，而不是20美元了。这可是这位先生最开始掏钱时的9.5倍。

第二章 每天读点推销心理学

顾客在这一过程当中，完全是自愿而满足的，他没有提出一句异议，提着一大堆东西心满意足地离开了商场。

刺激对方的购买欲就是要让顾客明确地认识到他的需求是什么，而你的产品正好能满足他的需求。主动找上顾客去推销与顾客去商店选购在这一点是不同的。顾客往往是有了明确的需求才去商场里寻找需要的商品；而你带着商品上门时他们往往并没有明确地意识自己是否需要这种产品，有许多顾客或许根本就不需要。这时你需要根据顾客的兴趣来找出他的需求，甚至是为顾客创造需求，然后再将其需求明确地指出，如有可能，向顾客描述他拥有你的产品后，其需求得到满足的快乐，激发顾客的想象力。

为顾客指出他的需求时应注意委婉，不可过于直截了当，最好不要用诸如："我想，你一定需要……"或"买一件吧，不会有错。"这样的话会使对方感到你强加于人，不免起了逆反心理。

当我们指出顾客的需求，而顾客依然表现得不很积极，购买的欲望仍不是很强，这时你不妨再略施小计，刺激他的购买欲，语言技巧此时尤其重要。

引用对方的话试试。有时你说一百句也顶不上你引用第三者的话来评价商品的效果好。这种方法的效果好是不容置疑的，但是如果你是说谎而又被识破的话那就很难堪了，所以你应该尽量引用真实的评价。一般来说你引用第三者的评价会使顾客产生安全感，在相当程度上消除戒心，认为购买你的商品要放心得多了。

最有说服力的引言莫过于顾客周围某位值得人们信赖的人所讲的话。你可以先向这样的人物推销你的商品，只要你够机灵，从他的口中得到几句称赞我想不会太难，而这句称赞将是你在他的影响力所及的范围内进行推销的通行证。如果某个"大人物"曾盛赞或者使用了你的产品，那么这将使你的推销变得比原来容易得多。"大人物"可以是电影明星、体育明星、政界要人等等人们比较熟悉的人物，因为他们往往比你容易受到信赖，和他们相比你陌生了许多，自然说服力也就不那么强了。当然这也是广告惯用的手法，在此不妨搬来试试。如果这两类人都无法利用，一个顾客并不了解也不认识的人的话并不一定没有效果，此时就要注意这些话要言之有理，而顾客往往并未在意，那么他会感到颇有启发而欣然接受。

帮助顾客出谋划策，使其感到有利可图。一般来说，顾客对于额外的收获还是乐于接受的。在介绍产品时不妨提供一些优惠条件，或赠送一些小礼品，以刺激顾客的购买欲望。

【心理学专家告诉你】

促使顾客想象，就是要让他觉得眼前的商品可以给他带来许多远远超出商品价值之外的东西，一旦拥有甚至会给他带来一个新的世界、新的生活。当然你启发顾客想象应该是基于现实的可能，而不应是胡思乱想。

从内心关怀客户

某汽车公司的推销员在成交之后，客户取货之前，通常都要

第二章　每天读点推销心理学

花上3~5个小时详尽地演示汽车的操作。公司要求所有推销员都必须介绍移动房屋式游艺车的各个细节问题，包括一些很小的方面。比如，怎样点燃热水加热器，怎样找到微波炉上的保险丝，怎样使用千斤顶等。

销售部经理这样说："我曾看见有些推销员只是递给新客户一本用户手册说：'拿去自己看看。'在我所遇见的人中，很少有人能够仅靠一本手册就能搞懂如何操作一辆这样的车。我们希望客户能最大限度地满意我们的关心，因为我们不仅期望他们自己回头再买，而且期望他们介绍一些朋友来买车。一位优秀的推销员会对客户说：'我的电话全天24小时都欢迎您拨打，如果有什么问题，请给我的办公室或家里打电话，我随时恭候。'我们的推销员都精通我们的产品知识，一旦客户有问题，他们一般通过电话就能解决，实在不行，还可以联系别人帮忙。"

无论你推销什么，关心都是赢得永久客户的重要因素。当你提供稳定可靠的关心，与你的客户保持经常联系的时候，无论出现什么问题，你都能与客户一起努力去解决。但是，如果你只在出现重大问题时才去通知客户，那你就很难博得他们的好感与合作。

推销员的工作并不是简单地从一笔交易到另一笔交易，把所有的精力都用来发展新的客户，除此之外，还必须花时间维护好与现有客户来之不易的关系。糟糕的是，很多推销员却认为替客户提供优质关心赚不了什么钱。乍一看，这种观点好像很正确，因为停止关心可以腾出更多的时间去发现、争取新的客户。但是，事实却不是那么回事。人们的确欣赏高质量的关心，他们愿意一次又一次地回头光顾你的生意，更重要的是，他们乐意介绍别的人给你，这就是所谓的"滚雪球效应"。

你应当记住：关心，关心，再关心。

你要做到的是：为你的客户提供最多的优质的关心，以至于他们对想一想与别人合作都会感到内疚不已！成功的推销生涯正是建立在这类关心的基础上。著名心理学家佛洛姆说："为了世界上许多伤天害理的事，我们每一个人的心灵都包扎了绷带。所有的问题都能用关心来解决。"这句话给关心下了一个最好的注脚。

戴尔·卡耐基说："时时真诚地去关心别人，你在两个月内所交到的朋友，远比只想别人来关心他的人在两年内所交的朋友要多。"那些不关心别人，只盼望别人来关心自己的人，应时刻拿这句话告诫自己。

关心别人既然如此重要，那么要拿什么东西去关心别人呢？有人以为关心别人就得花钱，花钱固然有助于关心，然而大多数的关心都是从点点滴滴的小恩小惠累积起来的。

关心无大小之别，也并不难，只要有心，随时去做，成绩必定可观。一句诚挚的"谢谢"，一个热诚的"微笑"，简单亲切的"道好"，诚心诚意的"道歉"，这些都微不足道，也不用花钱，可是发自肺腑，就能感人。

推销员关心顾客时，应该特别注意下列的时机：生日、病痛、喜事、丧事、灾难等，因为这些时候最渴望别人的关心。好事，希望你来分享他的喜悦；坏事，希望你来分担他的忧伤。

第二章 每天读点推销心理学

还有，关心一定要发自内心，出于真诚，否则毫不管用，因为虚情假意、敷衍式的关心，一眼就被人看穿了。

【心理学专家告诉你】

关心有一种奇妙的互动作用，除非你先主动关心别人，否则休想别人会关心你。许多人一辈子渴望别人的关心而得不到，问题出在他自己：他只关心自己，从不先主动去关心别人。总之，自私的人别想得到他人的关心。

巧用妙语敲开门

战国时期，齐国有个叫无盐的地方有位妇女，名字叫钟离春，大概是当时最丑的女人了，已经四十多岁了还没有嫁人。但是她关心国家大事，见齐宣王整天饮酒作乐，很想规劝他一番。

一天，钟离春来到王宫，宣称愿嫁给齐宣王当嫔妃。齐宣王说："我宫中的嫔妃已经很多了，你想到我宫中，请问你有什么特殊的本领吗？"钟离春回答说："没有，只是会点儿隐语。"于是举目咧齿，手挥四下，拍着膝盖，高声喊道："危险了！危险！"反复说了四遍。

齐宣王不明白她的意思。钟离春解释说："举目是替大王观看烽火的变化，咧齿是替大王惩罚不听劝谏的人，挥手是替大王赶走阿谀进谗之徒，拍膝是要拆除专供大王游乐的雪宫。至于四种危险，如今国外尽是难于对付的强敌，这是其一；您大兴土木修建雪宫，聚集大量金玉珠宝，搞得百姓怨声载道，这是其二；君子躲藏进了山林，小人包围在您的左右，想规劝您的人见不到您，这是其三；您每天饮酒玩乐，只图眼前享受，不关心国家治理，这是其四。"

齐宣王听后，觉得这位丑女说得很有道理，就立即停止修筑雪宫，并罢除官中女乐。还娶了钟离春做王后。

因此，只要有自信，能巧妙的运用语言的技巧，就是"丑女"亦能见皇上。多数推销员在推销过程中，都能正确地使用服务用语。服务用语是推销工作的基本工具，怎样使每一句服务用语都发挥它的最佳效果，推销员必须讲究词汇搭配的艺术性。运用得当，它能助我们的工作事半功倍；不会运用，将处处碰壁或业绩不佳。

但服务用语不能一概而论，它还要求根据推销性工作岗位的服务特点，灵活地掌握。

那么，作为一名出色的推销员，我们该如何正确地使用这些礼貌服务用语呢？大致有四点值得我们在运用中注意：

注意选择词语：我们在运用服务用语时要注意选择词语。在表达同一种意思时，由于选择词语的不同有时会有几种说法，推销员由于选择词语不同，往往会给顾客以不同的感受，产生不同的效果。

注意语言音调和语速：我们在与人交谈时要注意语言音调和速度的运用。说话不仅是在交流信息，同时也是在交流感情。许多复杂的情感往往通过不同的语调和语速表现出来。因此，在与顾客谈话时,掌握好音调和节奏是十分重要的。我们应通过婉转柔和的语调,创造一种和谐的气氛和很好的语言环境。

注意仪态:可以说每一个推销员都应注意自己说话时的仪态。与顾客对话时,首先要面带微笑地倾听,并通过关注的目光进行感情的交流,或通过点头和简短的提问、插话,表示你对顾客谈话的注意和兴趣。为了表示对顾客的尊重,一般应站立说话。

注意语言简练:我们在说话时还要注意语言的简练、明确,突出中心。在推销过程中,与顾客谈话的时间不宜过长,这就需要我们用简练的语言去交谈。在交谈中,推销员如果能简要地重复重要的内容,不仅表示了对话题的专注,也使对话的重要部分得到强调,使意思更明白,并能减少误会,这种做法很好。

【心理学专家告诉你】

在推销工作过程中,要处处都正确地使用服务用语。服务用语是推销工作的基本工具,怎样使每一句服务用语都发挥它的最佳效果,要求推销员必须讲究语言的艺术性。如果用得巧妙就能起到事半功倍的效果。

推销时要察言观色

宋代文豪苏洵在《谏论》里讲了一个有趣的故事——

有三个人,一个勇敢,一个胆量中等,一个胆小。将这三个人带到渊谷边,对他们说:"跳过去便称得上勇敢,否则就是胆小鬼。"那个勇敢的以胆小为耻，必定能够跳过去，另外两个则不能跳过去。

如果你对他们说，跳过去就奖给两千两黄金，这时那个胆量中等的就必然敢跳了，而那个胆小的人却仍然不能跳。

突然来了一只猛虎，咆哮着猛扑过来，这时你不用给他什么条件，那个胆小的一定会很快地跳过渊谷，就像跨过平地一样。

从这个例子我们可以看出要求人做同一件事情，用了三种不同的条件去激励他们才能成功。这就证明了，对于不同心理特征的人，要有针对性地采取不同的方法去刺激他，才能使之行动。既然人们的性格迥异，语言的针对性就要加强，只有把话说到对方的心坎上，才能达到我们的目的，尤其是推销员更应该掌握这种因人施法的策略。

沉默型的顾客沉默寡言，性格内向。在同他谈生意的时候，对于推销员所说的话，他们总是瞻前顾后，毫无主见，有时即使胸有成竹，也不愿意贸然说出。推销员此时一定要让他先开口说话。但怎样让对方先开口呢？那就要看推销员的口才了。例如，你可以提出对方乐意回答的问题、对方关心的话题等等。和这种人打交道一定要耐心，提出一个问题之后，即使对方不立即回答，推销员也要礼貌地等待，等对方开了口，再说下一个问题。

冷淡型的人可能对于推销员的来访，连一般的寒暄语都没有，摆出一副"你来干什么？"的神色。上门拜访时，他会闭门不见，若按门铃会受到"你不必再来"的冷遇。推销员如果走进他们的办公室，他们同样也会冷语相待。对待这类顾客，你的谈吐一定

第二章　每天读点推销心理学

要热情，无论他的态度多么的令人失望，但作为推销员，你不要泄气，要主动地真诚地和他们打交道。

有的人办事谨慎，在决定购买以前，对商品的各个方面都会做仔细的询问，等到彻底了解和满意时才下最后的决心。而在他下决心以前，又往往会与亲朋好友商量。对于这样的顾客，推销员应该不厌其烦地耐心解答其提出的问题。说话时态度要谦虚恭敬，既不能高谈阔论，也不能巧舌如簧，而应该以忠实见长，朴实无华，直而不曲，话语虽然简单，但言必中的，给人以敦厚的印象。尽量避免在接触中节外生枝。

好摆架子的顾客有两种，一种确实是有某些资本，故而端着架子；另一种人什么资本都没有，装腔作势借以吓人。摆架子的目的无非是虚荣心在作怪，要别人承认他的存在和地位。这类人在生意中经常反驳推销员的意见，同时吹嘘自己。对于这种人，要顺水推舟，首先让他吹个够，推销员不但要洗耳恭听，还要不失时机地附和几句。对于他提出的意见不要作正面冲突。他讲够了的时候，再巧妙地将他变为听众，反转他的优越感，让他来附和你。

如果遇到有真才实学的人，你不妨从理论上谈起，引经据典，纵横交错，使谈话富于哲理色彩，言词应含蓄文雅，不以饱学者自居，而给人留下谦虚好学的印象。你甚至可以把你要解决的问题，作为一项请求提出，请他指点迷津，把他当作良师益友，就会取得他的支持。

【心理学专家告诉你】

由于每个人都有自己与众不同的性格,即使是同一需要、同一动机,在不同性格的消费者那里,也有不同的表现。对待不同性格的人,要采取不同的说话方式。因人施法,恰到好处,才能成功。

没有名叫"客户"的人

在日本的鹿儿岛温泉疗养地,旅馆随处都是,但人们总喜欢投宿于F宾馆。不管是旅游旺季还是旅游淡季,F宾馆总是门庭若市,客人满堂,其经营特点就是迎客和送客的态度使人感到没有丝毫差别,甚至送客时的态度更认真。在F宾馆里,服务员总是把每一位客人的皮鞋擦得干净光亮,而且当服务台知道你今天要外出,就把你的皮鞋送到房间,放上纸条"已擦过",鞋旁边还放上一张"天气预报"。所以,当你一面穿鞋、一面计划当天的活动安排时,看到当天的天气预报,无疑是对你的一声叮嘱,好像母亲送你出门总不忘说声:"路上小心呀!""今天有雨,带上雨伞吧。"客人怎能不暖上心头呢!

当你离开宾馆时,从老板到职员,都在走廊门厅处站着:"再见,一路平安。"态度亲切甚至超过欢迎入住时。

更让人惊异的是:凡是在F宾馆住宿过的,哪怕只住一夜,当你第二次投宿F宾馆时,从老板到普通职员,都能叫出你的姓名:"××先生,好久不见了,请!请!"好像你是他们多年的老主顾。

第二章　每天读点推销心理学

姓名，虽是人称的符号，但更是人生命的延伸。许多人一生奋斗就是为了成功出名，所以人对姓名的爱犹如爱自己的生命。这样，你要想能运用别人的力量来帮助自己，首先要尊重别人的姓名。在推销界，"记忆姓名"法是受到极力推崇的。

商店里贴着"顾客您好"，火车广播员亲切问候着"乘客好"！而你作为顾客或乘客，会倍感亲切。而当营业员问道："顾客，你想买什么？"你会立刻不悦，甚至生气。联系到推销活动，如果推销员称对方"客户先生"，一定不会有多少成功在等待他。

姓名最好不要问第二次，要一次记住，而如果一时记不起来，可问一下第三者，迫不得已问一下本人也比叫"客户"好得多。

如果访问时单说："有人在吗？"很可能没有人理你。如果说："×××先生在吗？"那么只要屋里有人，一般都会出来开门，这便体现了名字的魅力。

叫出对方姓名是缩短推销员与客户距离的最简单最迅速的方法。记住对方姓名是交际的必要。而交际等于推销员的生命线，所以怎么能不记住客户的大名呢？

推销员的辞别可以说是与客户的暂时别离，除非你决意不再和这个客户来往，便不在乎离去时的礼节，否则，客户总是以你辞别时的形象来评价你，而推销员的形象比商品形象更重要。尤其是在被拒绝时，更能体现推销员的形象，除非你不是以推销为业，只做一锤子买卖，或你想做"江湖骗子"，辞别时，脸拉得跟驴脸一般长，把手伸到背后"啪"地带上门，也就切断了身后那条与客户相连的无形"红线"，这样你的推销市场就越来越小。

请记住：推销市场会因为你的人际关系而成倍扩大，也会因为你的关系线的中断而成倍缩小，以至于你在推销市场上无立足之地。

辞别的技巧与见面的技巧、谈判的技巧比较要更难学。口才、言语是你的推销工具，而辞别的技巧更是你的推销必备。辞别时的背影是无声（无言）的推销，而此时无声胜有声。

【心理学专家告诉你】

当然，如果你记性不好，就要依靠客户卡，把每一个有希望的客户的一切资料都记录在卡片上，随用随取，对工作一定帮助良多。

推销员要学会寒暄

有一次，一个推销员到某大厦进行陌生拜访，办公室门外写着几个大字——谢绝保险推销。

这位推销员犹豫了一下，很快调整好心态，推开了门……

正当这位推销员点头、微笑的时候，办公室的一位男性打断了他的话，问他："你是哪家保险公司的？我们不需要保险，你走吧。"

作为一个出色的推销员越是尴尬的时候，越要表现出色。不然，连谈话的机会都没有。这位推销员念头一转，马上说："保险？我不谈保险，今天只跟你谈'欠你的钱'。"

"什么？欠我的钱？"顾客惊讶了。

"对啊！欠你的钱。"推销员又重复了一次。

第二章　每天读点推销心理学

于是，这位顾客示意推销员坐下，这样推销员就开始了他的谈话。

与众不同的开场白是出色推销员成功推销的敲门砖，如果我们一开场就出奇制胜、能在最短的时间里引起顾客的注意，得到对方的认可，接下来，我们的工作就容易得多了。反之，就算我们进入了宝山，也会空手而归。

推销员的第一道难关就是与客户初次见面，也就是如何跟客户说第一句话，如何给客户留下第一印象；如何在抓住这一瞬间，为推销的成功打下良好的基础。

每个推销员外出推销时，其寒暄的言词是他与客户沟通的一种最常用的交流方式。一般而言，人们在初次见面的一刹那，便能以自己的感觉来判断这个人的性格好恶。

倘若一个推销员，给他人留下的第一印象是"恶"，即使他再努力说明商品的优点，对方在心理上也会因厌恶情绪而充耳不闻。在这样的情况下，就根本不可能把商品推销出去。

只有努力使自己给客户一个良好的第一印象，其后的说明与推销过程才能顺利展开。寒暄礼节还可以解除客户对推销员的排斥，在推销过程中起着非常重要的作用。

大多数的推销员在与客户洽谈时，会不由自主地流露出急于成交的欲望，客户会很容易看穿他的企图，因而就在心里形成一道无形的屏障，认为他为赚自己的钱而来，他在设计"圈套"让我钻，要提防上当受骗……所以一开始就要向对方表明此次拜访是来介绍和推荐有关产品的，是否购买完全取决于对方的意愿，决无强迫推销之意。

  一个出色的推销员要本着和人谈话的目的是为了相互沟通，若能以轻松、自然的态度与对方洽谈，对方会受你的感染，觉得你亲切而易于接近，这么一来，会更有利于沟通与推销的了。

  寒暄不但有利于沟通，还可以消除推销员的紧张情绪，使之有时间通过对对方的观察，决定推销所使用的策略。当推销员特别是还没有多少经验的推销员，在与对方初次见面打招呼时，试着放开声音，大声寒暄。强有力地握住对方的手，开个无伤大雅的玩笑，豪爽地大笑，保证一定会将紧张的心理抛到九霄云外。

  一般的人在面对陌生来访者的时候，都会感到紧张和不安，严重的还会产生对抗情绪。作为一名出色的推销员，这时候一定要设法消除对方的戒备心理。这时寒暄可以作为推销员的开场白，恰当而友好的寒暄可以让对方消除戒备心理，最起码要让对方认为我们没有什么"不轨的企图"。

【心理学专家告诉你】

  寒暄是建立人际关系的基石，也是向对方表示关心的一种行为。寒暄的内容与方法得当与否，往往是决定我们人际关系好坏的关键，所以要特别注意与重视。

不要和顾客争辩

  特迈是一位汽车推销员，他对各种汽车的性能和特点了如指

第二章　每天读点推销心理学

掌。本来，这对他搞推销是极有好处的，但遗憾的是他喜欢争辩。在说话上总是得理不饶人。

每当客户过于挑剔时，他总要与顾客进行一番嘴皮子战，而且常常令顾客哑口无言，事后他还得意地说："我令这些家伙大败而归。"

可是，销售部的经理却批评了他："哼，别沾沾自喜。要知道咱们做推销的在舌战中越胜利就越失职。因为你的行为得罪了顾客，结果你什么也卖不出去。"后来，特迈懂得了这个道理，变得谦虚多了。

有一次，他去推销胡雪汽车，一位顾客傲慢地说："什么胡雪？我喜欢的可是克莱汽车。你送我都不要！"

这时，特迈听了，微微一笑："你说得不错，克莱牌汽车确实好，该厂设备精良，技术也很棒。既然你是位行家，那咱们改天来讨论胡雪牌汽车怎么样？希望先生能多多指教。"

于是，两个人开始了海阔天空式的讨论。特迈借此机会大力宣扬了一番克莱牌汽车的优点，终于做成了生意。

为什么特迈以前争强好胜却遭到批评，而后来不再与顾客争辩反而成了模范推销员？因为他掌握了一个重要原则，那就是：不要和顾客争辩。

企业的信誉来源于商品的质量、款式、价格、功效，来源于科学、严格的管理，来源于较好的经济效益和热情谦逊的服务态度，而不是靠争辩得来的。不管什么时候我们都要以一种"示弱"的形象出现，跟我们的"上帝"是争辩不得的。

一个推销员代表着一个企业的品牌形象，因此，在推销时，推销员应该讲究信誉，进行商品交易时对客户的意见与抱怨应分清是非。有的推销员，为了维护企业的面子，绝不容忍顾客对自己的商品进行挑剔，如果顾客的意见稍微偏离事实，他们就会奋起反击，使买方哑口无言。

企业的信誉不但来源于商品的质量、款式、价格及功效的作用，而且还来源于科学、严格的管理，来源于较好的经济效益和热情谦逊的服务态度。而企业的面子是靠全体员工为顾客提供热情周到的服务来建立和维护的。这种热情周到的服务必须基于这样一种认识和宗旨：顾客至上。

如果意识到这一点，那么，就应当宽宏大量地对待顾客的意见与抱怨。站在顾客的角度，真诚地理解并欢迎顾客的异议，认真地分析和处理顾客的意见和建议，使顾客在与自己达成协议时保持愉快的心情，获得满足的购物效果。

聪明的销售者往往善于给顾客一个"台阶"，让对方恢复心理平衡。这样既能赢得顾客，也平息了双方的矛盾，使顾客在购买自己的产品时获得快乐的心情。

要知道在谈判中，我们真诚的自责是给对方一种体贴、一种慰藉，责的是自己，安慰的是对方。善于与对方进行心理互换也是一种使顾客获得快乐的手段，它不仅能使交易继续下去，说不定对方还会给你带来更多的客户。"示弱"就是一种扬他人之长、揭自己之短的语言技巧，目的是使交易重心不偏不倚，或使对方获得一种心理上的满足，从而达到自己高效的销售目的。

第二章 每天读点推销心理学

【心理学专家告诉你】

在推销工作中,经常会出现磕磕碰碰的情况。顾客提出抱怨,而销售者也怒目相向。有时,确实是顾客横挑鼻子竖挑眼,如果销售者脾气暴躁、心胸狭窄,势必影响双方的交易。

与顾客心理同步

宋朝才子苏东坡与佛印和尚相识。有一天,东坡见身材魁伟的佛印身披黄袍袈裟,遂灵机一动,笑呵呵地对他说:"佛印啊,你知道你看上去像什么吗?"佛印一下愣住了,傻傻地问他:"东坡兄,你看我像什么?"东坡哈哈大笑一声,说:"你呀,看上去像一堆大粪。"佛印微微点头,说:"东坡兄,你知道你看上去像什么吗?""你看我像什么?"佛印说:"东坡兄,你活像一尊佛啊!"东坡听完,好不高兴。

东坡把这件事告诉苏小妹"分享战果",小妹听完直跺脚,连声说道:"哥哥,你上当了。"东坡一惊,忙问:"到底怎么了?"小妹娓娓道来:"难道你不知道佛教里有句话叫'心中有佛,见人是佛',你心中有大粪,自然见人是大粪了。"东坡顿时满面羞愧,无言以对。

人们往往错误地以为我们生活的四周是透明的玻璃,我们能看清外面的世界。事实上,我们每个人的周围都是一面巨大的镜子，镜子反射着我们生命的内在历程、价值观、自我的需要。

　　心理学研究发现，人们在日常生活中常常不自觉地把自己的心理特征（如个性、好恶、欲望、观念、情绪等）归属到别人身上，认为别人也具有同样的特征，如：自己喜欢说谎，就认为别人也总是在骗自己；自己自我感觉良好，就认为别人也都认为自己很出色……心理学家们称这种心理现象为"投射效应"。

　　"投射效应"对推销人员的一条重要的启示是：保持与客户思维的同步，只有你的想法、你的行动与客户的想法相一致，才能让客户更容易地接受你。

　　首先是情绪同步，也就是你能快速地进入客户的内心世界，能够从对方的观点、立场看事情、听事情、感受事情，或者体会事情。做到与客户情绪同步最重要的是"设身处地"这四个字。另外，在语调和速度上也要同步。这要求先学习和使用对方的表象系统来沟通。

　　所谓表象系统，分为五大类。每一个人在接受外界信息时，都是通过五种感官来传达及接收的，分别是视觉、听觉、触觉、嗅觉及味觉。而在沟通上，最主要的是通过视、听、触三种渠道。由于受到环境、背景及先天条件的影响，每一个人都会特别偏重于使用某一种感官要素来作为头脑接收处理信息的主要渠道。

　　视觉型的人特别容易回忆起图像或在头脑里看到的画面。因为视觉图像的变化速度一般较说话速度快，所以视觉型的人说话为了能跟上头脑的图像变化速度就会比较快。听觉型的人对声音特别敏感。听觉型的人在听别人说话时，眼睛并不是专注地看对方，而是耳朵偏向对方的说话方向。感觉型的人与以上两种人都不同，讲话速度比较慢，音调比较低沉、有磁性，听人讲话时，视线总喜欢往下看。

对不同表象系统的人，优秀的推销员会使用不同的速度、语调来说话，换句话说，就是用客户的频率来和他沟通。以听觉型的人为例，如果你想和他沟通或说服他去做某件事，但是却用视觉型极快的语速向他描述，恐怕收效不大。相反，你得和他一样用听觉型的说话方式，不急不缓，用和他一样的说话速度和语调，他才能听得真切；否则你说得再好，他也是听而不懂。再以视觉型的人为例，若你以感觉型的方式对他说话，慢吞吞而且不时停顿地说出你的想法，不把他急死才怪。

【心理学专家告诉你】

优秀的推销员对不同的客户会用不同的说话方式，对方说话速度快，就跟他一样快；对方说话声调高，就和他一样高；对方讲话时常停顿，就和他一样也时常停顿，这样才不会出现"各说各话"的尴尬情景。

沉着应对突发事件

有个推销员当着一大群客户推销一种钢化玻璃酒杯，在他进行完商品说明之后，他就向客户作商品示范——把一只钢化玻璃杯扔在地上而它不会破碎。可是他碰巧拿了一只质量没有过关的杯子，猛地一扔，酒杯砸碎了。

这位推销员没有流露出惊慌的情绪，反而对客户们笑了笑，然后沉着而富有幽默地说："你们看，像这样的杯子，我就不会卖给你们。"大家一起大笑起来，气氛一下子变得活跃，紧接着，这个推销员又接连扔了五只杯子都成功了，博得了信任，很快推销出几十打酒杯。

这个例子充分说明了随机应变的重要性。在许多其他的场合，随机应变也同样重要。最常见的意外情况莫过于在推销产品的过程中，因为话题中断或无法进行而突然出现了沉默的局面。沉默的时间愈长，交易就愈容易失败。因此，最好能尽量避免这种情况的发生。但当这种局面出现时，你切不可感到浑身不自在，而应该坦然视之，并找些你熟悉的话题向客户提问，使推销活动继续下去。或者干脆直接谈："看来，这个问题已经谈得差不多了，如果您有什么新的想法，待会儿咱们再补充。"

还有另外一些场合也需要灵活机动。比如，当你正在与一个新客户谈生意时，一个老客户打电话来提出解约，这时，你多半会感到双重压力，既想从老客户那里挽回败局，又怕在新客户面前泄露自己推销失利的消息。在这双重压力下，你若不能居危不乱，很可能忙中出错，既未从老客户那里挽回败局，又让自己的狼狈相赶跑了新客户，闹得个鸡飞蛋打的结果。

其实，这时你完全不必慌张，你可以在电话里客气地对老客户说："那没关系，不过，我现在正在与一位朋友谈要紧事，我们明天见面详细谈谈，您看怎样？"你这样说，老客户通常不会拒绝你，而你还有一个机会来和他谈判，以维持原有的交易。而

第二章　每天读点推销心理学

新客户呢，他一方面会因为你重视他而感到高兴，另一方面，也会因为你为了他而拒绝一次约会而感到歉意，这通常有助于你与他成交，而免受老客户提出解约的影响。

电话中当然很容易与老客户改约时间，然而请思考一下另一种情况，假如你正在与新客户洽谈生意时，老客户却突然间出现并提出解约，这时你该怎么办呢？

这时，你应先暂时中止与新客户的交谈。不妨告诉他："请原谅我先离开一下。"得到新客户的允许后，你需上前与老客户寒暄晤谈，这个时候，新客户必然在一旁竖起耳朵听你们两人的谈话，也许，他心中会想："这个推销员和过去的客户交情这么好。"

在一般人的观念中，都认为推销员是"卖了东西，就不认人"，如果推销员将新客户放在一旁，反而和老客户热情交谈，这种情形就极易博得新客户的好感。

【心理学专家告诉你】

推销员在进行推销的过程中，会遇到千变万化的情况，这就要求推销员要沉着冷静、机智灵活地逐一处理，把不利的突发因素消解，甚至化为有利的因素，同时又决不放过任何一个有利的突发因素为自己的推销加码。

1个客户等于100个

乔·吉拉德是美国历史上最伟大的汽车推销员。在他任职不久，有一天他去殡仪馆，哀悼他的一位朋友谢世的母亲。他拿着殡仪馆分发的弥撒卡，突然想到了一个问题：他们怎么知道要印多少张卡片？于是，吉拉德便向做弥撒的主持人打听。主持人告诉他，他们根据每次签名簿上签字的人数得知，平均来这里祭奠一位死者的人数大约是100人。

不久以后，有一位殡仪业主向吉拉德购买了一辆汽车。成交后，吉拉德问他每次来参加葬礼的平均人数是多少，业主回答说："差不多是100人。"又有一天，吉拉德和太太去参加一位朋友家人的婚礼，婚礼是在一个礼堂举行的。当碰到礼堂的主人时，吉拉德又向他打听每次婚礼有多少客人，那人告诉他："新娘方面大概有100人，新郎方面大概也有100人。"这一连串的100人，使吉拉德悟出了这样一个道理：每一个人都有许许多多的熟人、朋友，甚至远远超过了100人这一数字。事实上，100只不过是一个平均数。因此，对于推销人员来说，如果你得罪了一位顾客，也就得罪了另外100位顾客；如果你赶走一位买主，就会失去另外100位买主；只要你让一位消费者难堪，就会有100位消费者在背后使你为难；只要你不喜欢一个人，就会有100人讨厌你。

这就是吉拉德的100定律。由此，吉拉德得出结论：在任何情况下，都不要得罪哪怕是一个顾客。

在吉拉德的推销生涯中，他每天都将100定律牢记在心，抱定生意至上的态度，时刻控制着自己的情绪，不因顾客的刁难，或是不喜欢对方，或是自己情绪不佳等原因而怠慢顾客。吉拉德说得好："你只要赶走一位顾客，就等于赶走了潜在的100位顾客。"

第二章　每天读点推销心理学

这就是说，人与人之间的联络是以一种几何级数来扩张的。无论是善于交际的公关高手，还是内向木讷之人，其周围都会有一群人，这群人大约 100 个。而对于推销员来说，这 100 人正是你的客户网的基础，是优秀的推销员的财富。

建立良好的客户网络，与客户成为知心朋友。在与客户交往的过程中要以诚相待，同客户交朋友，分担他们的忧愁，分享他们的喜悦。他们可能会向你介绍他的朋友、他的客户，这样，你的客户队伍将不断扩大。

同时，当你在和他们谈你工作上的困难时，他们很可能会主动地帮助你，介绍新的客户给你认识或者帮你直接把生意做成。

推销员应该与每一位客户交朋友。因为每一位客户都有许多亲朋好友，而这些亲朋好友又有同样数目的亲友关系。失去一位客户就会相应失去几十乃至百位客户，而若得到一位客户情况就会相反。因为这些人会用自己的亲身感受去影响他的亲友。如果在交易中与客户交朋友，推销员的业绩会取得令人满意的成果。

对推销员来说，顾客是上帝，是推销员的衣食父母，是一切业绩与收入的来源，因此顾客至上。

与客户交朋友，不要只谈生意，不谈交情，对客户要关心、爱护和体贴，使交易双方不单纯是一种商业关系，而是富有"人情味"的，使顾客产生一种亲切感，在得到物质需求满足的同时，还得到精神情感上的满足。

【心理学专家告诉你】

越是难缠的顾客，越要设法接近，因为他们购买力强。对你讨厌的顾客,也要从内心感激他,否则你的言行会不自觉地表露出你对他的反感。当顾客不讲理时,要忍让,因为顾客永远是对的。绝不要逞口舌之快得罪顾客,因为他们是我们的衣食父母。逞一时之快,就得付出失去顾客的惨痛代价。

推销员也要不断学习

  恺撒领军出征,每每获胜必以酒肉金银犒赏三军。随行的亲兵仗着酒胆,问恺撒:"这些年来,我跟着您出生入死,征战沙场,历经战役无数。同期入伍的兄弟,升官的升官,任将的任将,为什么直到现在我还是小兵一个呢?"

  恺撒指着身边一头驴,说:"这些年来,这头驴也跟着我出生入死,征战沙场,历经战役无数。为什么直到现在它还是一头驴呢?"

  好多人通常都会问同样的问题,为什么近几年忙来忙去总感觉自己还在原地踏步,为什么那些原来并不出色的人却能春风得意,还要多久我才能扬眉吐气呢?恺撒在2000多年前就给出了答案——问题不是你做了多久,而是你有没有在进步!

  当今,是一个靠学习能力决定高低的信息经济时代,每一个人都有机会胜出。现在的社会,要想永远立于不败之地,就必须拥有自己的核心竞争力。要想拥有超强的核心竞争力,就必须拥有超强的学习力。随着知识经济的兴起,光凭借他人的经验和自

第二章 每天读点推销心理学

己已有的经验是远远不够的。要想当"冠军",就需要不断地获取新的知识,保持与社会同步。你是一个需要每天接触不同的人或者不同产品的推销员,所以必须有一个广阔的知识平台。很多技术性、专业性强的东西,你不一定要深入了解,但是你不能够完全不了解。如果完全不了解的话,客户会因发现你在相关领域所表现出来的无知而轻视你。

要成为专业推销人员,就要有随时会有人超过你,比你更出色,所以应该随时不断学习以提高自己的心理准备。至于可以学习的对象,只要你留意,无论是顾客、对手、主管上司都是你学习的对象,特别提醒一点,就是不要忘了向自己学习。

经常学习新的知识,每天学习改善销售产品或服务的方法,是一个销售员提高销售技艺的根本保证。不管销售对象是谁,在什么场所,你都必须满怀信心地面对每一个顾客,发挥你的能力。你所遇到的顾客的种种不满情况,都是你学习的材料。他们将使你成为更精明、更杰出的销售员,因此,你必须虚心而努力地学习。从他们的不满和疑问、交易习惯和方式,以及言谈举止中学习你认为有用的东西。

你应该知道,不管多么精明强干、斗志昂扬,在商场上,随时都会有人超过你。这些人也许比你更精明、更有斗志,在销售上可能比你更有办法。因此,你必须加以注意,细心观察,从他们那里学习你所没有的技巧、方式,从他们那里得到重要的启发,改进你自己的工作。

在面对问题时,与主管一同研讨解决之道,再去实践与修正,不仅可以从中学到相当宝贵的经验与累积自己处理问题的能力,还能在研讨的过程中学到如何做判断、做抉择，更可让主管在一次又一次的研讨中看到你的学习成长结果，而愿意赋予你更大的责任与使命。这样，你可积累更多、更新的宝贵经验与能力，不仅可以在公司内部或是在业界中，建立你个人的成就与声望，更可能"水涨船高"。你的主管再度升职的时候，第一个想到可以赋予重任与提拔的就是你，你也就有机会去学习与发挥高一阶层的能力。

最后，千万不要忘了向你自己学习！向自己的成功学习宝贵的经验，向自己的失败学习不可多得的教训。你可以将你所经历的最富代表性的销售事件记录成一个个销售案例，从中你会发现很多有用的东西。

【心理学专家告诉你】

不妨暂时中断一下你的销售工作，去做一些调查，并对调查材料进行分析，从中找出失利的主要原因，有针对性地改变策略，挽回损失。运用头脑去分析，是你解决你所遇到的问题的一条捷径，也是成功解决问题的必由之路。

第三章
每天读点口才心理学

柔和的谈吐最有力

1940年，处于前线的英国已经没有资金从美国"现购自运"军用物资，而一些美国人也没有看到唇亡齿寒的严重事态，想放弃援助。总统罗斯福在记者招待会上宣传《租借法》以说服他们，为国会通过此法案成功地营造了舆论氛围。

在招待会上，罗斯福并未高声指责那些人目光短浅，他知道这样只能触犯众怒而适得其反。他妙语如珠，以理服人，使人们不得不心悦诚服。

他说："假如我的邻居失火了，消火栓在四五百英尺以外。我有一段浇花园的水龙带，要是给邻居拿去接上水龙头，就可能帮他把火灭掉，以免火势蔓延到我家里。这时候我怎么办呢？我总不能在救火之前对他说：'伙计，这条管子花了我15块钱，你要照价付钱。'这时候邻居刚好没钱，那么我该怎么办呢？我应当不要他的钱，让他在灭火之后还我水龙带。要是火灭了，水龙带还好好的，那他就会连声道谢，原物奉还。假如他把水龙带弄坏了，答应照价赔偿的话，我拿回来的就是一条新的浇花园的水龙带，这样也不吃亏。"

每天读点心理学

罗斯福总统援助英国的决心很坚决,但他没有直接表达强硬的态度,而是用通俗的比喻表达自己的想法,达到了非常好的说服效果。

心理学研究表明,说话时的语调能反映出一个人的内心世界,当他生气、惊愕、怀疑、激动时,表现出的语调一定是不自然的。从一个人的语调中,我们就可以感到他是一个令人信服、幽默、可亲可近的人,还是一个呆板保守、具有挑衅性、好阿谀奉承或者阴险狡猾的人。一个人的语调同样也能反映出他是一个优柔寡断、自卑、充满敌意的人,还是一个诚实、自信、坦率以及尊重他人的人。

柔和的谈吐是值得提倡的一种交际方式。谈吐柔和表现为语言含蓄,措辞委婉,语气亲切,语调柔和,是一种很有感染力的说服方式。这样说话,对方会感到亲切和愉悦,所谈之言也易于入耳生效,有较强的征服力,往往能收到以柔克刚的交际效果。

有理不在声高,并非说话有棱有角、咄咄逼人才有分量。要知道人的心理思维是奇特的,有很多时候,一方若是态度很强硬,另一方就会比他还要强硬。若是一方十分谦和,而另一方也不好意思再固执下去,这就是心理的感化或同化作用。谦让的本身就充满了尊重、宽容和理解,它能产生一种感化力,从而引起对方的心理变化。火气遇上和气,就像火遇到了水,失掉了发泄的对象,自然就会降温熄灭。

学会谈吐柔和也不是一件易事,首先要加强个人的思想修养和性格锻炼。一个心灵丑恶的人,出口绝对是恶言恶语。其次,

第三章 每天读点口才心理学

谈吐柔和，在遣词造句上有一些特殊的要求。

所以，我们在交往中应多用谦敬语、礼貌用语，表示尊重对方的观点和感情，以引起对方的好感。尤其要避免使用粗鲁、污秽的词语。在用词上要注意感情色彩，多用褒义词、中性词，少用贬义词。在句式上，应该多用肯定句，少用否定句，以减少刺激性。

无论谈论什么样的话题，都应保持说话的语调与所谈及的内容互相配合，并能恰当地表明对某一话题的态度。要做到这一点，所使用的语调应该能向他人及时准确地传递所掌握的信息，并得体地劝说他人接受某种观点或者倡导他人实施某一行动。虽然并不是说绝对不能高声断喝，但是用柔和的语调与人谈话效果会更好些。

【心理学专家告诉你】

一句柔和优雅的话语，往往能胜过一百句厉声的呵斥。因为，人人都有喜欢听好话的心理，而对厉声呵斥会产生一种排斥情绪。所以，在说话时委婉柔和的谈吐比高声怒斥，让听者的心理上更容易接受，也更具有说服力。

警惕祸从口出

马西尔斯是古罗马时代一名战功赫赫的英雄，他以"战神科里奥拉努斯"的美名而著称于世间。后来，马西尔斯打算角逐最

每天读点心理学

高层的执政官以拓展自己的名望,进入政界。

若要竞逐这个职位,就必须在选举初期发表演说。他不但傲慢地宣称自己注定会当选,而且大肆吹嘘自己的战功,甚至还无理地指责对手,说了一些讨好贵族的无聊笑话。可以想见,他落选了。

落选后,马西尔斯心怀不甘,发誓要报复那些投票反对他的平民。他倡议取消平民代表,将统治权交还给贵族。这激怒了平民们,人们成群结队赶到元老院里,要求马西尔斯道歉。一开始,他的发言缓慢而柔和,颇能令人接受。然而没过多久,他变得越来越粗鲁,甚至口出恶言,侮辱百姓们。于是,他说得越多,百姓就越愤怒,他们的大声抗议中断了他的发言,然后投票决定把他流放了。

马西尔斯的下场真是可悲,但这一切都是他咎由自取。从心理学的角度说,这是犯了众怒,也犯了言多必失、祸从口出的交往规则。倘若他不那么多言,不那么出言不逊,也就不会冒犯老百姓,就不会落得如此下场。如果他在落选后仍能注意保护自我强大的光环,依然还有机会被推举为执政官。可惜他无法控制自己的言论,中伤了大众心理,最后只能自食其果。

所以,我们要记住这样一个原则:在任何地方和场合,我们要尽量少说话,缄默是值得提倡的。如果非说不可,那么,我们要注意所说的内容、意义、措辞、声调和姿势,以及在什么场合应该说什么话,怎么说才得体。

其实,在不知内情、不太了解或没有意义的情况下,最好不

第三章　每天读点口才心理学

要随意说话。

美国的艺术家安迪·霍尔曾经告诉他的朋友说："我学会闭上嘴巴后,获得了更多的威望和影响力。"大凡那些大智若愚、有学问的人,一般都不会乱讲话。只有那些胸无点墨又爱慕虚荣的人才喜欢信口开河、大发感言。

"宁可把嘴巴闭起来,使人怀疑你是浅薄的,也不要一开口就让人证实你的浅薄。"这是一句值得大家牢记的名言。所以在研究说话艺术时,首先要学会"少说话"。

世界上没有十全十美的人,因此,我们绝不可随便说人长道人短,揭露别人的隐私。首先要明白,别人的事我们知道的不一定可靠,也许还有我们不知道的隐衷。我们若浅薄地将自己知道的片面现象贸然宣扬出去,难免会颠倒是非,混淆黑白。等到真相大白之时,已经是覆水难收了。

生活中有那么一种人,喜欢兴风作浪,把别人的是非编排得有声有色,夸大其词,逢人就说,世间不知有多少悲剧由此而生。所以,当有人向我们说某人的短处时,唯一的办法是听了就忘,谨缄君子之口,不要做传声筒,不要轻信这些片面之词。

谈论别人,不可因片面的观察就说长道短,说坏人的好处,旁人最多以为其人无知;把好人说坏了,那就有损道德了。

"君子三缄其口",意思就是告诉大家说话要谨慎。可是,让人缄口不言,事实上是做不到的,那我们说话的时候,唯有留心谨慎而已。为了受到人们的重视,引起众人的兴趣,唯一的秘诀就是少说话,有时间静静思考,而让那些精彩的话语惊四座。

【心理学专家告诉你】

如果说话不当心,就会招人不快。因此,人人都要警惕,要知道"祸从口出"的道理。在生活中,我们尽量要"少说"而绝非完全不说。因为,说得又少又好,这才是绝妙口才的艺术。只有完全把握听众心理,才能控制好自己的嘴。

无心之语得罪人

有这样一个大家都熟知的笑话:

张三请了甲、乙、丙、丁四位朋友来吃饭。乙、丙、丁三人如约而至,只有甲迟迟未到。张三自言自语地说:"该来的怎么还不来?"谁知,乙听了很不高兴地问:"那么,我是不该来的啦?"说完就气哼哼地走了。

张三连连叹气说:"哎,不该走的又走了!"岂料丙觉得弦外有音,暗想,既然乙不该走,那么是我该走了?于是他也气呼呼地告辞而去。

这下张三更着急了:"唉,这人真是的,我又不是说他!"但他哪里想到,坐在一边的丁再也忍不住了,暗想:"既然不是说他们俩,那么只能是说我了。"他越想越气,也立刻走了。

丙刚走,甲就来了。张三不由得连连唉声叹气:"唉,真是气死我了。这些不该走的人都走了。"刚刚坐下的甲,听了暗想,哦?原来是自己该走,或许是自己就不该来。于是,他一句话也

第三章　每天读点口才心理学

没说就走了。

　　结果邀请的四位客人，一位也没留下，只有不知所措、瞠目结舌的张三还不知道咋回事。

　　从心理学的角度来说，这是张三与其朋友们在心理上都产生了障碍，究其原因，就是张三采取的沟通方式不当。

　　在平常的交往中，与人谈话往往是很愉快的事，大家都想借此增强彼此的友情。但也有自己说的话被别人误解的时候，如果稍不注意，就会适得其反。就像文中的张三，不能洞明朋友的心思，说了一些不该说的话。从心理学的角度来说，这就是误会心理。

　　日常交谈的话语，有不少词语在不同的条件下使用，往往产生不同的含义，有的甚至完全相反。这时，它就给我们带来不少麻烦，正如上文中张三说的那些话，明明出于友情，但效果却适得其反，得罪了所有的朋友。

　　所以，我们在为人处世中，说话的言辞一定要慎重处理，切勿鲁莽行事。力求自己说的每一句话都明确具体、措辞得当，千万不要模棱两可，不要用那种话中有话的句子，以免引起误解而费了力气还得罪人。

　　心理学研究发现，男性对于词语含义的微妙差别的领悟比女性要迟钝得多，所以一些在男性看来无伤大雅的玩笑，却会使女性感到被冒犯。在生活中遇到这种情况该怎么办？就要先了解女性的一些忌讳，少说一些让她们不高兴的话。

　　容易让女性感觉不够体贴或讨厌的话有："我看你闲着没事，快过来帮我一下。""你看谁像你，要是换了别人就不用我操心了。""我说过你没那两下子。""你怎么老出错！真笨的可以！""还没完成呀？你怎么总是拖拉？"等。

让女性觉得粗鲁无礼的话有："喂，你要听着！""先等一下，急什么？""笨蛋，连这也干不好！""还愣着干什么？""你没长耳朵？往后靠。"等等。

让女性觉得讨人嫌的话有："就知道吃，看你胖得像肥猪一样了。""看你化妆得像个妖精似的。""你穿这衣服别提多难看了。""女人真是麻烦。""某某比咱们公司的所有女孩都好看！""你看起来这么老，像几十岁的人。"等。

在日常交往中，如果你不小心说了这些类似的话，就应该毫不迟疑地立刻表示道歉。然后，做一次深呼吸，再委婉地说明："我说错话了。其实我不是那个意思。哎呀，我的嘴真笨哪！"这样，大多数的情况下，对方听后心情都会转好，接着再交谈几句就没事了。

【心理学专家告诉你】

一句亲切的问候可以增进彼此的友谊与感情，一句出言不当的生冷话则会得罪亲友或他人。因此，在日常生活中，特别是为人处世上，一定要注意自己言辞，切莫让对方的"误会"跳出来，否则就麻烦了。

选好话题莫"触礁"

公元前131年，罗马执政官马西努斯围攻希腊城市帕伽米斯，

第三章　每天读点口才心理学

他发现需要撞墙才能攻破城门。几天以前，他看到雅典船坞里有两支沉甸甸的船桅，便下令将其中较大的一根立刻送来。

但接到命令的雅典军械师却认为，执政官想要的其实是较短的一根。于是与传达命令的士兵吵了起来。最后，军械师还是送过去较短的桅杆。

等到短桅杆运抵时，马西努斯要求士兵解释。于是士兵描述军械师如何为短桅杆不停地争辩。马西努斯无法集中心力攻城，脑中所想的只有这名傲慢的军械师。他下令立刻把军械师带到眼前。军械师很高兴能够有机会再一次向执政官解释为什么送来短桅杆。他滔滔不绝，说的还是同样的一套话，并表示在这些事务上听取专家的意见才是明智的，采用他送来的短桅杆撞墙一定能攻击成功。

但是，不等他说完，马西努斯就命令士兵剥光他的衣服，用棍子活活打死了他。

在生活中很多人都有争强好胜的心理，这名军械师就是这类人的典型。他们过于相信自己是正确的，因此喜欢争吵。其他人很少能说服他们改变立场，而一旦被逼到墙角，他们只会吵得更厉害，这显然是自掘坟墓。

所以当我们和他人意见分歧时，最好预先表示自己同意对方的部分意见，缓和气氛，即使和对方的意见相去甚远，冲突严重，也绝对不要表示没有商量的余地。

如果真的是别人错了，又不肯接受批评或劝告，我们也不可急于求成，这时要往后退一步，延长时间，隔一两天或一两周再谈。

否则，大家都固执己见，不但不会有任何进展，反而会伤害感情。

如果你善于谈话，一定要小心翼翼，不要造成僵持的局面，要以间接方式证明自己的想法是正确的。切记，万万不可出言不逊撞了"礁石"。即使我们在某些方面有所成就或者高人一筹，也不能说明在其他方面都出类拔萃。更不要有一点小成绩就沾沾自喜，得意忘形地大肆渲染。

很多时候，当别人发觉有人默默地做了一件值得称赞的事，自然会对他崇敬有加。但若是当事人自己夸夸其谈，所得结果则恰恰相反。人们往往有这样的心理：你越是想隐藏的，他们越想去发掘；你越是想表现，他们却越想去抵触。

因此，在生活中，我们不要一心只想求得别人的赞赏，而把事情说得神乎其神，这样别人会觉得你沽名钓誉，无异于乞丐讨饭。

再有就是切忌在陌生人面前夸耀个人的成就、我们如何富有或孩子如何出色等。

还有就是，永远不要在上司面前夸耀自己的才干，若渴望取悦于他，试图给他留下深刻印象，就不要自我吹捧、展现自己的才华。位居我们之上的人不会因此而喜欢我们，因为我们激起了他的嫉妒与不安，引起了他的反感心理。一不小心还可能会触了他人心理的"礁石"而自绝后路。

没有人喜欢那些夸夸其谈、大言不惭、盲目自大的人。所以，我们在说话时，既要有实事求是的态度，又要给人谦虚的印象，坦白地承认自己对某些事情的无知，这绝不是耻辱。相反，别人会认为我们的谈话不虚伪，没有自我吹嘘、自夸其能的狂妄行为，

第三章　每天读点口才心理学

这样反而能赢得别人的好口碑!

【心理学专家告诉你】

很多人都有争强好胜、压倒对方的心理,还以为自己这样会得到很大的益处。实际上,那是一场惨重的损失,一种愚蠢的行为。因为你的这些言行很可能会触及他人心理的"礁石",而造成严重的后果。唯有尊重别人,才能受到别人的尊重与拥护。

旁敲侧击最巧妙

隋文帝在位时,有个善于说笑话的人叫侯白。这天,侯白应邀给宰相杨素说了许多笑话。杨素听得兴起,也就忘了时间,等到他让侯白离开时,已是傍晚了。

谁知道侯白刚一出宰相府,又碰上了杨素的儿子杨玄感,非要听侯白讲笑话。无可奈何,侯白只得站在路边给任性的杨公子讲起了笑话。

他说:从前有一只老虎,一大早就去野外找食吃,遇到一只刺猬,老虎想把刺猬一口吞进肚里,不料被扎得疼痛难忍。老虎不知碰到什么怪物,吓得转身就跑。没跑出多远,便见到一棵栗子树。低头一看,栗子的果实毛茸茸的,跟小刺猬似的,便心有余悸地说:"今天早上遇见了您父亲,现在又碰上了您。请让让路,放我回家吧!我肚子里还没食呢。"

杨玄感听到这里,这才发现自己缠着侯白讲故事耽搁人家吃晚饭了，真是不够礼貌。于是，他诚恳地向侯白道了歉。

  侯白深知面对的是声名显赫的杨素父子，自己得罪不起，因此，就算是他肚子饿了也还是不能当面回绝杨公子听笑话的要求。但是，他巧妙地把自己的意愿编在了笑话里。由于是个笑话，杨公子不能与他计较，但又明白了自己的不近人情，于是就着这个台阶下，结局自然是皆大欢喜。

  在交往中，一个人的魅力很大程度上是通过语言体现出来的。我们知道语言是最主要的人际沟通工具，而且语言本身也是人们个性的表现。柔声细语会让人感受到春天般的温馨和舒适，能赢得大家的认同和好感；粗声恶言只能让人感受到冬天般的冷酷和无情，使人讨厌。

  如果我们想要改掉这种毛病，就不妨听听本杰明·富兰克林的意见。

  在富兰克林还是个毛躁的年轻人时，一位教友会的老朋友把他叫到一旁，尖刻地训斥了他："本杰明，你真是无可救药。你已经打击了每一位与你意见不同的人。你的意见变得太珍贵了，弄得没有人能承受得起。你的朋友发觉，如果你不在场，他们会自在得多。你知道得太多了，没有人能再教你什么。没冇人打算告诉你些什么，因为那样会吃力不讨好，又弄得不愉快。因此你不可能再吸收新知识了，但你的旧知识又很有限。"这些话使富兰克林感到震惊，他接受了这位老朋友的建议，开始下定决心改掉傲慢、粗鲁、争胜好强的习性，极力培养谦恭、自我克制的性情。

  富兰克林后来说："当时，我立下一条规矩，决不正面反对

第三章 每天读点口才心理学

任何人的意见,也不允许自己太武断。我甚至不准许自己在文字或语言上措辞太肯定。我不说'当然'、'无疑'等,而改用'我想'、'我假设'或'我想象'或者'目前我看来是如此'。当别人陈述一件我不以为然的事时,我决不立刻驳斥他,或立即指正他的错误。我会在回答的时候,表示在某些条件和情况下,他的意见没有错,但在目前这件事上,看来好像稍有不同等等。这样,我很快就领会到改变态度的收获:凡是我参与的谈话,气氛都融洽得多了。我以谦虚的态度来表达自己的意见,不仅容易被接受,更减少了一些冲突。我发现自己有错时,也没有什么难堪的场面了,而我碰巧是对的时候,更能使对方不固执己见而赞同我。"

所以,在我们与他人交谈时,就要首先顾及到他人的感情,也就是他人心理上的承受力。如果我们不管他人的心理感受而一味地说下去,就可能会伤害到他人的感情与自尊心,引起谈话的不愉快或恶化成意想不到的后果。

【心理学专家告诉你】

巧妙地送一个台阶给他人,让他人在心理上易于接受,也是一门做人的艺术。当我们对别人的谈话已产生了不愉快的感受时,就不妨开个无伤大雅的玩笑或宽容地让一步,让对方在心知肚明的情况下,含着笑走下台阶,这样岂不是一件令人愉悦的事?

进退自如靠幽默

在清朝石天成编的《笑得好》一书中有一个很有参考价值的故事《锯酒杯》，故事的内容是——

有一人去赴宴，主人斟酒相待，但每次只斟半杯。

此人心中不满，但又不好明说。于是，他忽然问主人："尊府有锯子吗？请借我一用。"

主人心中诧异，就问何用。

此人指着酒杯说："此杯上半截既然盛不得酒，要它何用？锯去岂不更好！"

此建议耸人听闻，很明显不可实现。但能将心中的不满以玩笑的形式表达出来，使彼此心领神会，这比单纯的批评更能使对方接受，其心理"阻抗"也要小得多，人际摩擦亦小得多。

从心理学角度来说，此法用来表达愿望，会避免可能引起的尴尬。有时要表达一种愿望，这种愿望并无难言之处，但仍然以曲折暗示为手段，做到"心有灵犀一点通"就足够了。

在人际交往中，我们要避免有意或无意地刺伤别人，以避免咎由自取，遭到反讥。这在使用讽刺时尤其重要，要做到利而不伤，就要学会在讽刺中运用幽默，用同情、关怀抚慰别人。

当我们对某件事情的看法和朋友或同事不相同时，在心理上有三种选择：同意彼此求同存异；修正你的看法，与对方协调一致；从此不再和他讲话。但只要我们稍加运用一点幽默力量，就能删除最后一项，而在前两者中任择其一。

第三章　每天读点口才心理学

此外，幽默力量还能保护自己，因为它使我们免于和他人敌对。可以用更有效的方式，把平常不便对某些人讲出来的话，适当地表达出来。

幽默力量还可以避免战火爆发，卸除心头重负！讽刺的效果在于使他人能倾听你说话，记住你所说的，并且也能使谈话顺利进行，抓住听者的注意，便于意见的表达。

林肯总统深知如何讽刺。他曾为一位放弃岗位的军人辩护，他对这位军人的长官说："我把这事交给你自己去决定。如果全能的上帝赐给这个人一双胆怯的脚，那么，他要怎么使他这双脚跟他跑呢？"

为人处世要处处顾及他人的"面子"，因为某些原因，有些话不可照实全说，比如碍于面子或者为了保护机密等原因。这时候，最好的办法就是迂回委婉地表达自己的意思，俗称"绕着弯子说"。这种办法一方面能够免去不必要的争执和尴尬，另一方面对于保密和自保也都有一定好处。

一般来说，缺乏幽默感的人大多不会绕弯子。幽默与直截了当总是互不相容的。要想使自己富于幽默感，就要学会迂回曲折的表达方式。

幽默的表达与一本正经的表达不同，幽默的表达不但是曲折的、间接的，也可以是带着很大的假定性的。把自己的意见稍作转换，使它变得耐人寻味，通过曲折的形式来使对方领悟自己的真正意图。

【心理学专家告诉你】

人都有受尊重的需要，只有满足对方的这种需要，才会得到对方的认可。当我们谈到一些较为敏感的话题时，首先要想到他人的"颜面问题"。若能运用三分幽默，以诙谐有趣的言词表达出自己的意思，定能取得很好的效果。

通俗易懂才能适应听众

1988年5月，美苏两国领导人会谈。在欢迎仪式上，戈尔巴乔夫说："总统先生，你很喜欢俄罗斯谚语，我想为你收集的谚语再补充一条，这就是'百闻不如一见'。"

戈尔巴乔夫之意，当然是宣称他们在削减战略武器上有所行动了。

里根也不甘示弱，彬彬有礼地回敬道："是足月分娩，不是匆忙催生。"

里根的谚语形象地说明了，美国政府不急于和苏联达成削减战略武器等协议的既定政策。

两国领导人经过紧张商榷，在某些问题上缩小了分歧，都表示要继续对话。戈尔巴乔夫担心美国言而无信，于是在讲话中用谚语提醒："言必信，行必果。"

里根也送给戈尔巴乔夫一句谚语："三圣齐努力，森林就茂密。"

第三章　每天读点口才心理学

我们在演讲时要心有听众，要了解听众的心理反应与理解水平，意识到自己是讲给他们听的。也就是说我们在演讲时要针对听众的心理，要了解他们的接受能力。无论多么精彩的演讲，如果听众听不懂，或在心理上无法接受，就等于说空话，白忙一场。所以，演讲首先要分清听众是什么样的人群、什么样的层次。

如果他们是普通的工人、农民、市民，就必须使用浅显、平易、朴实的语言，尽量少用专业术语，更不可故作高深，否则别人不易接受。

如果听众是具有较高文化素养的人，语言就可文雅些，让自己的谈吐适应他们的水平。当然，能够做到雅俗共赏是最理想的，那将使你拥有更多的听众。

但无论如何，为了接近群众，和群众交流，并受其欢迎，演讲语言首要的还是通俗易懂。因为，只有这样，我们的演讲才能在听众中得到广泛的响应。那么，如何才能让演讲通俗易懂呢？

首先我们在演讲时要多用一些生活熟语。生活熟语是人们口头长期流传，渐渐固定下来的。熟语具有丰富的内容与精练的形式，包括成语、惯用语、谚语、格言和歇后语等。它们虽然字数少，但寓意深刻，言简意赅，若运用得当，可使言语简洁，增强说话效果。

成语是约定俗成的固定词组，具有稳定的结构和整体性的意义。它是经过千锤百炼而约定俗成的相对固定的语言形式，具有很强的概括性和丰富的表现力。如果我们在演讲中能恰当准确地运用成语，会大大提高语言的精练程度。

习惯用语是口语中定型的用语，它简明生动，含义单纯，通俗有趣。如要表达为某人或某事"提供方便"的意思，可以说"开绿灯"；如要表达空许诺言的意思，可以说"放空炮"。恰当地引用习惯用语，可以增强演讲和谈话中的幽默感和说服力。

其次，我们演讲运用的口语主要是指那些多数人能听懂的口语，而不是那些多数人听不懂的方言土语。我们在演讲时要用浅显易懂的语言表达深刻的道理，这就并非"信口开河"能办得到的，而需要付出心血，经过认真学习和实践锤炼，方能"易处见精"。

虽说演讲的语言要求通俗易懂，但并不拒绝文采。相反，演讲的语言一定要有文采，演讲才能生动形象。我们必须调动一切语言技巧，如逻辑技巧、修辞技巧，以增强语言的生动性和形象性。

【心理学专家告诉你】

弹琴看听众，说话看对象。一个演讲者在登台演讲时，要先清楚听众的心理，考虑他们的接受能力，要时刻注意到自己的话是说给听众听的。所以，演讲要雅俗共赏、通俗易懂，才能适应大众的心理。

如何与听众情感共鸣

林肯做律师时，曾在一次诉讼中以充沛的情感赢得了胜利。

一天，一位老态龙钟的女人来找林肯，哭诉自己被欺侮的事。这位老妇是独立战争时一位烈士的遗孀，每月靠抚恤金维持生活。

第三章　每天读点口才心理学

不久前,出纳员竟要她交付一笔手续费才准领钱,而这笔手续费等于抚恤金的一半,这分明是勒索。

开庭了,被告矢口否认,因为这个狡猾的出纳员是口头进行勒索的,没有凭据,情况显然对林肯不利。轮到林肯发言了,上百双眼睛紧盯着他,看他有无办法扭转形势。

林肯用抑扬顿挫的话语,首先把听众引入到美国独立战争的回忆中。林肯两眼闪着泪光,述说爱国志士是怎样忍饥挨饿在冰天雪地里作战,为浇灌"自由之树"洒尽最后一滴鲜血。听众的心早被感动了,有的捶胸顿足,扑过去要撕扯被告;有的眼圈泛红,为老妇人流下同情之泪;还有的当场解囊捐款。在听众的一致要求下,法庭通过了保护烈士遗孀不受勒索的判决。

可以说,这是一次非常成功的演讲,他的辩论也是无懈可击的。从心理学的角度来说,他首先用自己的感情来感染听众,引起大家的情感共鸣。他感人肺腑的一番言论令众人产生了共愤情绪,激起了大家的心理共鸣,使人们一致谴责那个出纳员的无理勒索。

因此,演讲者要抒发的情感,首先饱含在演讲内容之中。从演讲的命题到演讲的观点,从演讲的叙述到演讲的议论,以至演讲中直抒胸臆之处,都浸透着演讲者的感情,只不过是表达感情的手段不同,有的直接,有的间接罢了。

最直接的语意传情是直抒胸臆,倾泻激情。不少感情浓烈、激越的演讲到了一个高潮时,演讲者往往都会用相对独立的语段,以排比句、反问句、感叹句、重叠句等表达。直抒胸臆,压抑在胸中的感情如潮水一泻而出，淋漓痛快，欲止不休。

但是真情流露并不等于放肆，坦诚也必须有度。如果不加节制，感情表现为"过分状态"，别人就必然将它与虚伪轻浮联系起来。心理学家卡洛·塔维斯说："不仅应该认识坦白的必要，而且要知道什么时候应该坦白，坦白到什么程度。"真情流露并不等于不加节制，心灵的情感也不可随意地流淌。

所以演讲需要尽情倾诉时，可开大阀门，让感情如潮水般一泻而出。但高潮过后，又要立即调节，绝对不可以放纵情感，信马由缰。虽然感情能打动人心，但是微妙的心理对感情的接纳也是有一定范围的。

演讲是要感染人的，其重要手段之一就是通过语调流露真情。坚定的、犹豫的、高兴的、哀痛的、期待的、失望的、昂扬的、颓废的等等复杂的感情，都可以通过语音语调的高低快慢、抑扬顿挫表现出来。

演讲中的情感抒发十分重要，但感情是受理智支配的，这个理智，就是要表达演讲的主题。演讲时要时刻牢记演讲的主题，时刻把握感情的阀门，注意控制感情的流量而不至于泛滥。

有的演讲者不懂得控制自己的感情，一讲到伤心处就涕泪交流，泣不成声；一讲到愤慨时就语不成句；一讲到高兴时又笑得前躬后仰，手舞足蹈。结果，听众只看到你在台上喜怒无常，根本听不清、弄不懂你在哭什么、气什么、笑什么。这样，又怎么能让听众产生思想感情呢？

第三章　每天读点口才心理学

【心理学专家告诉你】

俗话说"通情达理"。不管什么事只有"通情",才能使理由充分通达。在演讲中只有触动人们的思想情感,才能将话说到人们的心里,才能达到宣传的目的,也才能与听众达成心理共鸣。

准确掌握演讲的时间

有一位演讲者是位医师,有天晚上,在某大学俱乐部演讲。那次集会时间拖得很长,因为已有很多人上台说过话了,轮到他演讲时,已是凌晨1点钟了。他要是为人机智圆滑一点,或是善解人意一点,就应该上台说上几句,然后让人们回家去。

但他没有这样做,反而展开了一场长达45分钟的长篇演说,极力反对活体解剖。他还没讲到一半,听众就希望他从窗口摔出去,并摔断某些部位,任何部位都可以,总之,只要能让他住口就行。

毋庸置疑,上面故事中的医师的演讲是失败的。因为,他引起了听众的反感,触发了大家的逆反心理。面对已经疲倦了的听众,他没有及时地让演讲结束,而是用冗长的言辞使听众厌烦不已。他就属于不了解听众心理的演讲者,在演讲中没有时间的概念。

因此,控制好演讲的时间是十分必要的,而这又必然涉及演讲内容精练的问题,它们之间是相辅相成的。

有经验的演讲者都知道,受听众可接受性的制约,面对听众的独白发言,往往有一定的时间限制。因此,在修改演讲稿时还须考虑篇幅长短是否符合规定的时限。

如果篇幅太长,可能超过规定的时限,就应当压缩文字,删减篇幅。倘若不到规定的时限,有必要的话,还要再增加材料、扩充内容。但最好是在保持内容完整的前提下,使内容具有一定的伸缩性。这样,临场时可以根据听众的反应随时做出调整,灵活机动地把握时间。要知道,不会删减自己的谈话内容以适应这个时代快速气氛的演说者,将不会受到欢迎,而且,有时还会受到听众的排斥。

一般来说,演讲要短,要精练,长了没人听。精练,是所有著名演说家的共同特色。即使是历史上许多具有重大意义的著名演讲,虽然内容博大精深,却大多以短小精悍制胜。那么,怎样才能使演讲的语言精练呢?

首先,要在观察认识事物上下工夫,只有当你对事物的本质和规律了如指掌的时候,才可能一语道破。其次,要学会摒弃无用信息、剩余信息,压缩次要信息,提高传递有效信息的时间利用率。为此,我们在演讲中应切实做到"四戒":

一戒空话套话:有些人一开口就"穿靴戴帽",少不了客套、谦虚。分析问题就按老俗套念空口号,而有效信息几乎等于零。

二戒重复累赘:有些有用的信息由演讲者讲出后,听众便接受并储存起来了。但演讲者却偏要啰嗦重复,以大同小异的形式多次输出,这些信息就成了不必要的剩余信息。

三戒节外生枝:演讲者没有掌握好要说的主题,因此在一些细枝末节上发挥太多,或意已尽而言不止。这些内容虽然也包含不少信息,但却不是主要信息,而是与主题关系不大的次要信息。次要信息太多,不但会降低时间利用率,而且会干扰主要信息的传递和储存,也就会影响主题的表达,必须力戒。

四戒口头禅:有些人讲话脱不了口头禅,什么"啊"、"这个"、"那个"、"对不对"、"是吗"、"这个问题来说",差不多句句不离口。虽然演讲者并非有意,可对听众来说,不但全是无用信息,而且令人生厌。

一个演讲者要在保持完整的前提下,使内容具有一定的伸缩性。这样临场时,可以根据听众的反应随时做出调整,灵活机动地把握时间,正好到收场时把自己的观点演说完。

【心理学专家告诉你】

演讲要控制好时间,絮絮叨叨、没完没了只能使听众厌烦。因此,演讲要了解听众的思想,简短结束,见好就收,才不会引起听众的逆反心理。

以沉默控制局势

在一次理赔事件的洽商中,保险公司的理赔员首先发表了自己的意见:"先生,我知道你是谈判专家,一向都是针对巨额款项谈判,恐怕我无法承受你的要价,我们公司若是只出2000元的赔偿金,您觉得可以吗?"

但是,这位善于言辞的专家却表现得异常严肃,他紧闭着嘴巴，一言不发。保险公司的理赔员沉不住气了："抱歉，请不要介意我刚才的提议，再翻一倍，4000元你看如何？"

一阵良久的沉默之后，终于谈判专家开腔了："抱歉，无法接受。"

理赔员继续说："好吧，那么6000元如何？"

又过了好一会儿，专家才说道："6000元？嗯……我不知道。"

这下，理赔员显得有点慌了，他说："好吧，8000元吧。"

但是，又是踌躇了好一阵子，谈判专家才缓缓说道："8000元？嗯……我不知道。"

就这样，一直的沉默，难耐的沉默，谈判专家只是重复着他无声的语言，重复着他的痛苦表情，重复着说不厌的那句缓慢的话。最后，这件理赔案终于在13000元的条件下达成协议，而谈判专家的委托人其实只希望7000元就满意了。

谈判是一项双向的交涉活动，各方都在认真地捕捉对方的反应，以随时调整自己原先的方案。此时，一方若干脆不表明自己的态度，只用良久的沉默和"不知道"这些可以从多角度去理解的无声和有声的语言，就可以使对方摸不清自己的底细而做出有利于己方的承诺。用心理学来说，这就是沉默心理的作用。这位谈判专家正是利用这一沉默心理，挟持了对方的心虚情绪，使其在摸不准底细的情况下，不得不将价钱一个劲儿自动往上涨，这样就轻而易举地达到了自己满意的结果。

有格言说："语言是银，沉默是金。"无声的沉默能胜过任何动听的语言。因为，沉默在一些特定的场合并不是一味的沉默。

第三章　每天读点口才心理学

它既可以是无言的赞许，也可以是无声的抗议；既可以是欣然默认，也可以是保留观点；既可以是威严的震慑，也可以是心虚的流露；既可以是毫无主见、附和众议的表示，也可以是决心已定、不达目的决不罢休的标志。所以，沉默的表现可以发挥意想不到的作用。

在一定的环境中，沉默能迅速消除言语传递中的种种障碍，使听者的注意力集中，就像乐队指挥举起指挥棒，喧闹的会场立即安静一样，沉默使听者的情绪得到无声的感染。

谈判中适时沉默，往往能收到千言万语所不能达到的效果，一切尽在不言中。在谈判中运用沉默应注意沉默时间的掌握，沉默时间能对听者的心理产生严重的影响，要当行则行、当止则止，必须给予适当的控制。

"没有一点儿声音，没有任何喝彩，只有那深沉的静寂。"这就是沉默的最佳传播效能。

但是，沉默也不是一味的沉默，也要掌握分寸。如果沉默的时间掌握得不恰当，只要稍微放长了那么一点点，听者就会从这稍长的瞬间觉醒过来，在高潮到来以前做好了心理准备，那就平淡无奇了。

如果不分场合故作高深而滥用沉默，其结果会事与愿违，只能给人以矫揉造作的感觉。所以，我们运用沉默的技巧要恰到好处。

【心理学专家告诉你】

沉默的含义是丰富多彩的，它以言语形式上的最小值换来了最大意义的交流。它不仅是声音的空白，更是内容的延伸与升华，是对有声语言的补充。聪明的人会在沉默中洞察对方的心理变化，以沉默的力量来控制对方的情绪，使洽谈向有利于自己的方向发展。

大智若愚"冒傻气"

某国际航空公司和某国际机械公司要进行一场决定性的谈判。自始至终，机械公司的代表完全控制了局面，他们利用手中充足的资料向航空公司的代表展开强大的攻势。他们通过屏幕向对方详细地介绍、演示各式图表和计算结果。但航空公司的代表只是静静地坐在那里，面无表情，一言不发。

两个半小时之后，机械公司的代表关掉放映机，拧亮电灯，满怀信心地询问航空公司代表们的意见如何。航空公司的代表面带微笑，彬彬有礼地答道："我们不明白。"

"什么地方不明白？"机械公司的代表们大吃一惊，感到莫名其妙。

另一位航空公司的代表又回答："哪里都不明白。"

机械公司的人再也沉不住气了："你们……你们从哪里开始不明白？"

航空公司的第三位代表站起来，慢条斯理地说："从会议室的灯关了之后开始。"

机械公司的代表们彻底泄了气。他们只得放低要求，不计代价，只求达成协议而结束这场令人难以忍受的谈判。

第三章　每天读点口才心理学

很显然，这次磋商，机械公司的代表是有备而来的。如果航空公司的代表和他们正面交谈，肯定很难占到便宜。于是，他们索性收敛锋芒，"傻乎乎"地宣称自己什么也不懂，这样反倒打乱了对方的阵脚。没想到，他们利用一点"傻气"使自己轻易获得了成功。

从心理学的角度来说，航空公司的代表是以故作糊涂的姿态，打击对方的意志，使其早就设好的计划瓦解掉。这种看似傻乎乎的神态，其实是一种厉害的攻心术。

可能大多数的人都会认为，一个优秀的谈判家应该以风度翩翩、伶牙俐齿、反应敏捷和精明干练的姿态出现。殊不知，在实际的谈判场合中，往往表面上弱势的人，比如口才笨拙、个性愚钝的人反倒更容易达到目标。他们表面看起来有点傻里傻气，在别人看来很明显的缺陷反而转变成了有利条件。

在谈判中难免会遇到攻击型的对手，当对方咄咄逼人、气势汹汹时，高明的人就会采用"装傻"示弱的方法，能收到很好的效果。这时他们会说些傻气的糊涂话，如"我搞不清楚，你们这是干吗？""对不起，我不太理解。""我什么都不明白，能再说一遍吗？"或者"我全都指望你帮我了"之类的话来忽悠对方。直到对方兴致全无，一筹莫展，完全丧失毅力和耐心，没有力气再维持己见为止。他们也就达到了目的。

一般说来，好攻击的人都认定对方必然激烈地抵抗自己的攻击。所以，一旦对方不加反驳，却坦白承认自己的错处时，反而会狠狠地挫败攻击者的气势与争强好胜的心理，令他不知如何是好。这种情况就好像一个人运足了全身的力气挥拳向我们击来，我们不但不还手，反而后退走开，而留给对方那种尴尬的感觉恐怕比挨一顿揍还要难以忍受。

的确，也许我们每个人都有这样的经历。在一个根本听不懂我们在说什么的人面前，再精辟的见解，再高深的理论，再高明的技巧，又能起什么作用呢？没有了对手，还有什么精神可以激发我们去冲锋陷阵呢？所以，在适当的时候，一些高明的人就会收敛自己的锋芒，向对方"示弱"，来消除对方的排斥感和敌对心理，松懈他的警惕性，助长他的同情心，使结果朝着有利于己方发展。

【心理学专家告诉你】

在适当的时候，收敛自己的锋芒，向对方"示弱"，冒点稀里糊涂的"傻气"，可以消除对方的排斥感和敌对心理，松懈他的警惕性，助长他的同情心，使谈判朝着有利于己方的方向进行。按心理学分析，这是一种软攻心术。

软硬兼施"扮双簧"

美国富翁霍华·休斯有一次为了大量采购飞机，与飞机制造商的代表进行谈判。休斯要求在条约上写明他所提出的32项要求，其中有几项要求是没有退让余地的，但这对谈判对手是保密的。

在谈判时，对方不同意休斯的要求，于是，双方各不相让，

第三章　每天读点口才心理学

谈判中冲突激烈，硝烟四起，飞机制造商竟然把休斯赶出了谈判会场。

于是，休斯派了他的私人代表出来继续同对方谈判。他告诉代理人说，只要争取到32项中的那12项没有退让余地的条款就心满意足了。这位代理人经过了一番谈判之后，争取到了全部的项目。

当休斯惊奇地问这位代理人，怎样取得如此辉煌的胜利时，代理人回答说："那简单得很，每当我同对方谈不到一块儿时，我就问对方：'你到底是希望同我解决这个问题，还是要留着这个问题等待霍华·休斯同你解决？'结果，对方每次都接受了我的要求。"

在交锋的开始，就给对方迎头一击，使对方难以招架，接着再用软策略，抚慰对方。这样一硬一软的进攻方式，就会使对方吃不消，其心理防线也就不攻自破。

休斯的面孔及其私人代表的面孔分别看来并无奇异之处，合二为一则产生了奇特的妙用，这便是攻心术的作用，也就是他们合演了一曲双簧戏，唱红脸与白脸的攻心技巧。

这种策略的做法是，先由白脸出场，他采取咄咄逼人的攻势，提出过分的要求，傲慢无礼，立场僵硬，让对方看了心烦，产生反感，而不想再与之洽谈下去。这时，就由红脸出场，他以温文尔雅的态度、诚恳的表情、合情合理的谈吐对待对方。并巧妙地暗示，如果他不能与对方达成协议而使谈判陷入僵局，那么白脸先生还会再次出场。这番话会给对方心理造成一定的压力。

在这种情况下，对方一方面会由于白脸的强硬而不愿与白脸继续打交道，而另一方面会由于红脸的可亲态度而同红脸达成协议。

但有时候，这种双簧表演似乎是很明显的，蒙骗一些没经验的谈判者还可以，但倘若对一位资深谈判高手来说恐怕就没有那么容易了，这一点必须明白。但若是在长时间紧张谈判的压力下，识破这种策略也是不容易的。特别是唱双簧的二人若是配合默契，表演自然，对方也是不容易看穿的。

当然，对方也有起疑心的可能，但他却不能完全肯定那是表演给他们看的。他心里可能会想："他们的这些话也许是真的，我可以趁这个机会想办法分化他们。"这样，我们漂亮的双簧戏就算演出成功了。

在我们与对方进行洽商时，不要以为自己笑脸相迎、一团和气的样子就能赢得谈判。还要懂得若一味地唱红脸，会使人觉得有求于他，有巴结之嫌。越是这样，对方越会强硬、傲慢，在谈判中占尽上风。因此，在必要的时候，有必要给对方施加点颜色。这时就不妨唱一曲双簧戏，再用一些白脸手段刺激一下对方。当然，这种所谓的刺激，并不是激怒或伤害对方，而是为了引起对方对某种事实的注意，更加重视自己，同时也提醒对方不要过分抬高自己的价码。

【心理学专家告诉你】

演双簧戏就是要假戏真做，刺激对方的情绪，使其尽快就范。在戏中，唱红脸的与唱白脸的都要演好自己的角色。先由白脸傲

第三章　每天读点口才心理学

慢无礼地出场，让对方看了产生反感，再由红脸以合情合理的方式打圆场。这种一硬一软的刺激，往往容易攻破对方的防范心理，使洽谈在自己满意的情况下进行。

针锋相对巧自卫

据说，在晋朝有一个叫刘道真的人，读过一些书，自认为才学不浅。但由于当时遭受战祸而流离失所，无以为生，他只好到一条河边当拉纤脚夫。

这名怀才不遇的刘道真，素来嘴不饶人，十分喜欢嘲笑他人。好多被他嘲笑过的人都没有办法回击他，他也因此而洋洋得意。

一天，他正在河边拉纤，看见一位年老的妇人在一只船上摇橹，就顺口嘲笑说："嘿，真好笑。女子为什么不在家织布，而跑到河里划船呢？"不料，这老妇人却反唇相讥道："是好笑。大丈夫为什么不跨马挥鞭，而跑到河边替人拉纤？"

又有一天，刘道真正在草屋里与别人共用一只盘子吃饭，见到一位年长的妇人领着两个小孩从草屋前走过。他见三人都穿着青衣，就嘲笑她们说："青羊引双羔。"

这妇人望了他一眼，说："两猪共一槽。"

自以为口才无人可比的刘道真，这下竟无言以对。

人有防卫心理是很正常的，尤其是在他人挑衅心理的刺激下，这种心理就更容易产生。

每天读点心理学

生活中总有那么一些人爱故意找碴儿，鸡蛋里面挑骨头而寻衅滋事，想让别人下不来台。面对他人的这种挑衅心理，如果我们退避三舍，必会遭人耻笑而令他得寸进尺。如果视而不见，也难免会被认为软弱可欺。这时，如果我们能迅速展开自卫，就能化被动为主动，用相应的话语反唇相讥，既可让寻衅者无言以对，也能在主动中有台阶可下。

有时我们会碰到一些无理取闹之人，这时，一般人常常会大发一通脾气，大骂一顿无赖，可是到头来，对方还是振振有词，自己倒气得手脚发抖，而只会说："岂有此理，岂有此理。"遇到这种情况我们该怎么办？怎样才能反击无理取闹的行为，使得对方觉得理亏词穷？

首先，这时我们要做到的是要控制自己的情绪，不要太激动。因为，这个时候平和的心境是反击对方重要的后盾。我们要表现出自己的涵养与气量，以"骤然临之而不惊，无故加之而不怒"的大丈夫气概，在气质上镇住对方。如果自己一下子就犯颜动怒，变脸作色，并不是勇敢的行为，要知道对方故意无理的原因就是要看到你这种神态。

一个枪手，如果只知道带枪，而不知道如何瞄准、等待时机扣扳机，是十分令人惋惜的。所以，在反击之前，我们先要把对方的话语听明白，以便把握目标，瞄准靶子再放箭。这样才能既不滥杀无辜，也不放过诋毁我们的小人。

还有一些人，喜欢从话里找话，要知道这样做是自找麻烦。虽然这样不全是错的，但作为一个听者，不能为了追查隐含的意思而忽视了表面的意思。否则，就可能正中了说者的圈套。

第三章　每天读点口才心理学

因此，在一旦听懂了对方的用意，发现对方有明显的攻击意味，我们就要提高警觉，及时作出判断。在思想上要具有反击的针对性，如果对方发动的是讽刺性攻击，那么反击也是讽刺性的。但自卫也是有分寸的，如果太过了，就形成了防卫过度，所以，自卫要点到为止。

【心理学专家告诉你】

要学会后发制人，迅速而巧妙地把错误的标签贴到挑衅者的脸上。聪明的人往往会捡起对方扔过来的石头，再重新扔回给对方，或顺水推舟巧妙地将矛头转向对方，达到脱离险境，保护自己的目的。

批评下属要情理兼容

汉武帝在位时，有一次大将军卫青奉旨率大军出兵定襄，其部将苏建、赵信领三千人马先行，突然撞上了匈奴单于的大部队。他们率部下拼命作战，激战了一天，终因敌众我寡，汉军几乎覆灭，赵信投降了匈奴，苏建只身逃回。

卫青招来幕僚商量如何处理此事，议郎官周霸建议道："大将军自出征以来，未曾杀过一名部将，现在苏建弃军独自逃回，应该将其斩首，以显示将军的威严。"

卫青说："我得皇帝的信任而在军队里效劳，不怕没有个人的威严。但正因为皇帝全心全意地相信我，我就更不敢在远离京城的国境上擅自诛杀将领了。现在我决定派人将苏建押送到京城去，让皇帝亲自去裁决如何惩处他吧！以此来形成为臣的不敢专权的风气，不也是很好的事吗？"

于是，卫青就将苏建囚禁起来，派专人押送到京城去。后来，皇帝果然赦免了苏建的死罪。

一个明智的将领，不会因一点小事就拿自己的部下开刀，以显示自己的权势与威严。他会给部下留一次改过的机会，或是将惩罚人的事情推给上级去做，这样无论怎么处理，都没有自己的过错。再说人谁无过，不要一下子就下断言。

在工作中，对工作不熟练的新员工，或是一般职员，在接到难度大的工作时总是难免会有失误。这时，他们自己就会觉得"糟糕"而全身不寒而栗。倘若再碰到脾气不好的上司，对他大声责骂，他就会产生逆反的心理。如："这点小事都干不好！真没办法！""你这人，真不中用！"等。

试想，不管是谁当面对这种不客气的责骂、怒斥、嘲笑时，都会觉得很丢脸，会因难堪而生气，有时也会感到很悲伤，一个接一个的牢骚就会由心底发出来。只要是人，相信都会发这种牢骚，没有人会觉得挨骂是件舒服愉快的事。因为，每个人都自认为自己是最可爱的，而很少人会认为自己不好。

面对已犯下的错误不能不承认，其实下属自己心中也会了然，所以才会说出"糟糕"这句话。失误愈大，懊恼之情也愈甚，有时甚至会难过许久。老实说，凡是有经验的上司，在此时此刻都尽量不去责备犯错者。

第三章 每天读点口才心理学

相反的，若对小的错失上司不责骂呢？因为犯错误的人他自己心中已非常懊恼，且在自我反省中。因此，在这种情况下并不需要去责骂他，只要提醒他注意就可以了。如此，他也较能接受，觉得："我真不应该，实在很对不起。"同时心中暗自发誓："我再也不犯这种错误！"

一个上司在批评员工时一定要有理有据，随意发火是领导者的大忌。批评员工的时候也不要喋喋不休，适当的沉默可以起到"此时无声胜有声"的作用。

通常来讲，被批评的员工情绪波动很大。也许领导者只是想苦口婆心地劝导他一番，但是无形中却伤害了员工的自尊心，让他觉得颜面挂不住，索性产生了"破罐子破摔"的心理，这样的批评岂不是得不偿失！

不要到处都充满了斥责声，在适度批评之后保持一个沉默的空间，让犯错的人有时间冷静地想想自己的所作所为，相信这更是一种对当事人的威慑。员工会因为领导者的"点到为止"而感谢领导者宽广的胸怀。默不作声并非是对错误的迁就，而是留给了对方一个自省的余地。

【心理学专家告诉你】

一个上司面对下属的错误固然可以生气，但此时不留余地的厉声责骂就会伤了下属的自尊心，严重的还会造成抵触心理。因此，理智的做法是多进行引导教育，点到为止，让其明白错误带来的损失而不再重犯。

探病慰问暖人心

有个年轻的建筑工人在高空作业时不慎摔下来,处于昏迷状态。伤者在医院里苏醒后,觉得下肢不听使唤,遂怀疑自己将终身残废,就萌生了消极的轻生念头。

幸好有一个亲友,发现他这一颓废的思想苗头,就及时鼓励他说:"你年轻力壮,生理机能强,新陈代谢旺盛,只要你积极配合治疗,日后加强锻炼,不但不会残废,过不了多久就会康复。这是医生说的,请你相信我!"

就这么短短几句鼓励的话,使受伤者最终抛却了轻生念头,增强了治疗信心。在以后的日子,伤者不但积极配合治疗,而且坚强地投入了生理机能的恢复锻炼。果然,数月以后即伤愈出院。

后来他跟这位亲友说:"要不是你适时给予我鼓励,我是无论如何也不会对恢复健康抱有信心的。"

在心理学里,有一种消极的心理,这种心理往往使人产生轻生的念头,也称"自杀心理"。

面对产生了轻生念头的病人,我们要适时鼓励,使其消除这种心理,产生活下去的信心,它对调动病人战胜病魔的意志和勇气有着举足轻重的作用。尤其是某些病人对自己疾病的治疗丧失信心时,我们若能适时地给予真诚和符合客观事实的鼓励,也许就能发生奇迹,在病人身上产生"起死回生"的作用。

无论什么时候,探视者对患病亲友的温言安慰都是沁人心脾的。这时候,安慰性语言的力量比任何时候都显得生动、有力,

第三章　每天读点口才心理学

它易于勾起病人与自己情感的共鸣，进而稳定病人的思想情绪，有利于疾病的治疗康复。

亲友患病住院治疗时，人们免不了要上医院去探望。然而，人们探视病人时的言语是否得当，将对患者的心理和情绪产生颇大影响。尤其是一些病人因为病魔缠身而产生抑郁、焦虑、怀疑、恐惧、灰心、被动依赖及孤独自怜等一系列消极情绪和心理波动。

面对那些病情较重而丧失治疗信心的亲友，你可千万不要说："哎呀，看样子你病得不轻啊，都消瘦成这模样了。"或者说："唉，治你这病比较麻烦，目前还没有特效药，你这病真让人愁心。"这些不逊之言就会给病人情绪"雪上添霜"，不利于疾病的治疗和身体的康复。

所以，上医院探视病人时，所运用的语言大有讲究。

倘若探望的人会说话，将会使病人精神振作，进而积极配合治疗，有利于恢复健康。因此，它被看成是抚慰病人心灵的一剂"良药"。但若是去探望的人说话不当，将会对病人构成颇大的心理压力，影响治疗效果。

因此，大家在去医院探望住院治疗的亲友时，应该多说些有利患者振奋精神、增强信心、促进疾病治疗和恢复健康的话。

【心理学专家告诉你】

心理学研究表明，心态健康、充满信心的人生理机能也会比失望悲观的人旺盛。对于病情严重的患者来说，一句温暖人心的鼓励无疑就似一剂灵丹妙药，它所发挥的作用，是任何药不能相比的。它易于勾起病人与自己情感的共鸣，进而稳定病人的思想情绪，更有利于疾病的治疗。

妙语捕获芳心

在埃及，公开追求姑娘被人认为是不道德的事。所以，热情的小伙儿法赫米看上了邻居穆罕默德·雷德万的女儿玛利亚，可就是不敢公开表露自己的心声。

有一天，法赫米在阳台上教弟弟认生字，见到玛利亚在阳台上晒衣服，心里别提有多高兴，但又不知该如何表示自己的爱慕之情。这时，年幼的弟弟见哥哥有些不对劲，就大声问道："你要我认的生字我早就写熟了，怎么不让我默写呀？"

有些走神的法赫米这才回过神来，突然灵机一动，计上心头。他拿起书，故意大声地向弟弟说："心……"

弟弟边念边写着，聪明的法赫米却在姑娘玛利亚的脸上寻找反应，接着他又大声说："爱……"

"还没学这个字，我不会写。"弟弟慌忙反驳。

"怎么？这个字我已经教了你好几遍，你就是记不住！"此时，法赫米看到姑娘脸上羞怯的红云。法赫米终于把自己心中那火热的爱传递给了玛利亚，他心中感到了无比的快乐和轻松。

这时，玛利亚一步步朝围墙走过来，看着心上人离自己越来越近，法赫米心想：得赶紧去告诉父母，请母亲到玛利亚家为我求婚……

第三章　每天读点口才心理学

女人都有一种心理防卫的本能，特别是年轻的女孩，她们经常用语言掩饰自己的本意，不喜欢别人一语道破天机。

如果一些男士自作聪明，直截了当地说破女人的心事，往往会引起反感而被断然拒绝。因此，在追求女性时，千万不要心急鲁莽，要掌握说话的艺术，要察言观色，委婉说话，掌握分寸，巧妙地解读女孩的芳心。如果你追得太紧，具有"防卫本能"的女性会对你加以拒绝，这也是女性的逞强好胜、不肯认输、好奇等心理在作祟。只要你能抓住女性的这些心理特征，掌握追求的节奏，就一定能猎取她的芳心，获得幸福的爱情。

从心理学角度来说，女孩的心理特征一般都很微妙，有时好像喜怒无常，尤其是青春期与初恋时的女孩着实令人捉摸不透。倘若女孩的生活平淡无奇，她们求变心理就会很强烈，盼望发生一些出乎意料的事让生活添些情趣。因而，她们并不喜欢刻板、守常规的男孩子。

当然，在初恋之前要迎合女性的这种求刺激、求情趣的心理，必须首先让她们在理智上确认你是作风稳健、可靠而开朗的人，然后才能巧破常规、创造新意，使两人的谈话充满情趣。否则，就会弄巧成拙，使女性对你形成举止轻浮、作风拖沓的印象而不愿意与你交往。

如果你追求的是位内向型的女孩，就要采用体贴入微的方式。你可先对她表示关怀、体贴，能让其在心情不好时向你倾诉，并制造供她宣泄感情的机会。因为，内向型女孩平时不爱表达感情，很容易因小事在内心产生压抑感，以致容易产生感情的猛烈爆发。

假如你能使她的内心得到平衡与协调，你就会慢慢成为她的倾诉对象和恋人。

假如你要捕获的女孩是个理智型的人，与其论道不如直抒爱意。追求理智型的女性，须先以强烈的爱情魔力吸引她，采用直爽的方式进攻，或是直抒胸臆。用感情战胜理智是追求理智型女性的最好途径。因为，一般说来，理智型女人以其充满智慧的气质给人望而生畏之感，许多男人往往敬而远之。理智型女性接收爱的机会较少，而她们在被爱的时候，更能感受到爱情的存在。

【心理学专家告诉你】

面对女孩子如秋云般变幻莫测的心理，男孩若想轻易地捕获芳心确实不是一件容易的事。因此，懂得一些分析女性心理特征的知识，让自己有的放矢，就能增强捕获芳心的能力。

如此忠言不逆耳

有一则苏联《消息报》1991年的征订启事，很有意思。它是从反面劝说订户，其公关用语读来令人忍俊不禁，发人深省——

亲爱的读者：

从9月1日起开始征订《消息报》，遗憾的是1991年的订户将不得不增加负担，全年订费为22卢布56戈比。订费是涨了！在纸张涨价、销售劳动费提高的新形势下，我们的报纸将生存下去，别无出路。而你们有办法，完全有权拒绝订阅《消息报》，

第三章　每天读点口才心理学

将22卢布56戈比的订费用在急需的地方。

《消息报》全年的订费可以用来：

在莫斯科的市场上购买924克猪肉，或在列宁格勒购买102克牛肉，或在车里亚宾斯克购买1500克蜂蜜，或在各地购买一包美国香烟，或购买一瓶好的白兰地酒。这样的"或者"还可以写上很多，但任何一种"或者"只能一次性享用。而选择《消息报》则令您全年享用。事情就是这样，亲爱的读者。

这则启事真可谓内容别出心裁，从语句中可以看到写作人智慧的光芒。他首先颇为诚挚地交代了编辑部的窘境，然后站在广大订户的立场上一五一十地列举了许多诱人的商品和货物。与《消息报》作比较，最后话锋一转，非常高明地指出"《消息报》令您全年享用"，而为这则启事"点睛"。

从心理学的角度来分析这则广告，它是利用了人们"忠言逆耳"的顺从心理。既然"忠言逆耳"，那么，人们就可以不听。但是，这可以不听的"逆耳忠言"，毕竟是"忠言"，凡是"忠言"都带有真理性，是公众在道义上认可的东西。因此，人们在心理上不得不欣然地对这则广告加以接受与认可，其广告"忠言逆耳"的目的就达到了。

因此，我们说这则看似提醒客户的"忠言"，实则是一篇十分成功的征订启事。它完美地体现了"他山之石可以攻玉"的策略和商业竞争时欲擒故纵的计法。小小一则启事，可见《消息报》编者们作为商人的匠心独具。

那句早已耳熟能详的谚语："良药苦口利于病，忠言逆耳利于行"，就说明了忠告警句往往具有举足轻重的影响。上到一国政策，下到商家策略，小到对一个人的直言相劝，忠言都是宝。在社交公关中，商家巧用诚恳话语向大众宣传自己的想法，往往事半功倍。日本电器大王松下幸之助也深谙运用口才之道。当松下电器公司还是一家小型工厂时，松下幸之助和工人因陋就简制造产品，并且亲自出马推销产品。

他用坦诚的态度、朴实的话语忠告每一位客户与他合作。若遇到讨价还价的高明之士，他就坦白相告自己的产品成本如何，应依照什么价格购买才不至于使工厂亏损。他不卑不亢地陈述事实，既不迷惑对方也不恳求对方，此情此景使对方不禁为之所动，站到了他的立场上，答应互惠互利、公平成交。松下幸之助这种忠言的艺术，句句有情有理、字字打动人心，确实是个推销的好办法。虽说忠言逆耳，但有时正话"反说"正好接近主题，更利于达到目标。

【心理学专家告诉你】

虽说忠言皆逆耳，但忠言逆耳却可行的道理人们也都知道。因此，聪明的推销员不妨利用人们的这一心理来打开销路。将产品作一番"忠言"的反说，使它产生"逆耳可行"的效果。

把话让给对方说

有位年轻的律师，他参加了一个重要案子的辩论，这个案子

第三章 每天读点口才心理学

牵涉到一大笔钱和一项重要的法律问题。在辩论中,一位最高法院的法官对年轻的律师说:"海事法追诉期限是六年,对吗?"

律师愣了一下,看看法官,然后率直地说:"不。庭长,海事法没有追诉期限。"

这位律师后来说:"当时,法庭内立刻静默下来,似乎连气温也降到了冰点。虽然我是对的,他错了,我也如实地指了出来。但他却没有因此而高兴,反而脸色铁青,令人望而生畏。尽管法律站在我这边,但我却铸成了一个大错,居然当众指出一位声望卓著、学识丰富的人的错误。"

这位律师确实犯了一个"比别人正确的错误"。在指出别人错了的时候,为什么不能做得更高明一些呢?

可以说几乎所有的人都有表达自己见解的嗜好。有水平没水平的人,有知识没知识的人,见过世面没见过世面的人,都爱如此。发生了一件事情,我们喜欢议论;看了一部电影,我们喜欢评论;有什么与我们利益相关的事,我们更是马不停蹄地说个没完没了;如果有人请教我们,我们更当仁不让地说三道四。有时我们偏执到不知安危得失只图嘴巴说得快活,结果甚至给自己惹来杀身之祸,还不知道是"祸从口出"。

因此,为了防止因自己的言语引起的"惹火烧身",在交谈时我们要尽量把话让给别人去说,这样与人交谈起来才能受到欢迎。

在与他人交谈时,如果我们不同意他人的意见,而想阻止他人时,最好不要这样,因为这样只能起到相反的作用。当他人还有许多意见要发表的时候,他是不会注意你的。所以要忍耐一点,用一颗开放的心怀听取他人讲话,并诚恳鼓励他完全发表自己的意见。

虽然一个拥有绝妙口才的人,可以多次达到协议的成功,但在有的时候,人为的沉默,把话让给别人去说,却可以使事情成功得更顺利、更完美。

法国哲学家罗西法考说:"如果你要树敌人,就胜过你的朋友;但如果你要得到朋友,那就让你的朋友胜过你。"事实上,即使是我们最好的朋友,也宁愿对我们谈论他自己的成就而不愿听我们吹嘘自己的成就。

为什么会如此?因为当我们的朋友胜过我们时,他们获得了一种自豪感。但当我们胜过他们时,他们会产生一种自卑感,并引起猜忌与嫉妒。

有一句德国谚语说:"最纯粹的快乐,是我们从别人的困境中所得到的快乐。"不错,有些朋友,恐怕从我们的困境中比从我们的胜利中得到的满意更多。所以不要时时向他人夸大自己的成就,我们要时时不忘谦逊些,这样永远能使人喜欢。

我们应当谦逊,因为自己都没有什么了不得的。凡人都要逝去,过百年之后完全被人遗忘。生命过于短促,不要总是谈论我们小小的成就,使人厌烦。反之,我们要尊重别人,将重要的话让给别人去说。所以,如果我们要使人信服,就应该记住让对方多说话。

因此,在社交的场合,我们对于自己的成就要轻描淡写。我们要谦虚,越把自己表现得微不足道越好,这样的话,才会永远

第三章　每天读点口才心理学

受到欢迎。

【心理学专家告诉你】

把对方放在第一位，让朋友表现得比自己更优越，我们才能拥有更多的朋友，才能工作得更顺利、生活得更愉快。因此，不忘了让自己学会谦逊。我们是要比别人聪明，但却不能告诉人家自己比他更聪明。

微笑胜过千言万语

马克·吐温有一次到某旅馆投宿。有朋友告诉他，该城市的蚊子特别厉害。那天，当马克·吐温在服务台登记房间时，恰巧有一只蚊子飞来。他笑了笑，对服务员说："鄙人早就听说贵城的蚊子十分聪明，果然名不虚传。它竟会预先来看好我的房间号码，以便夜晚光临，饱餐一顿。"

服务员一听都开怀大笑，同时也明白了他暗示的要求。

结果，这一夜马克·吐温睡得特别好，因为服务员记下了房间号码，很负责地做好了驱蚊工作。

培根有句名言："含蓄的微笑，往往比口若悬河更为可贵。"在人与人相处中，大家都有着一种共同的期待：希望看到笑脸。当我们到商店购物时，希望售货员微笑服务；向上级汇报工作时，期待着领导满意的微笑；当我们回到家里时，期望看到亲人温馨的微笑；当我们工作上遇到困难、出了差错时，又多么希望获得理解、同情和谅解的微笑。

微笑是人人都喜欢看到的表情，可以说没有谁看到一张微笑的脸，会心生厌恶。微笑就是人们的面部略带笑容，这是一种不出声的笑，它代表着友善、真诚与美好。

微笑是善意的标志、友好的使者，也是通向成功的桥梁。它可以柔克刚、以静制动，起到沟通情感、融洽气氛、缓解矛盾、冰释前嫌等作用，更为言语交流的成功打下良好的基础。

人是喜爱微笑的动物，而微笑也是上帝赐予人类的最好礼物，真诚的微笑可以缩短人与人之间的距离。试想，一位陌生人对我们微笑，我们是否感觉到有一种类似于亲和力的东西在推着我们与他靠近？假如我们看到的是一张漠然无表情的脸，虽然他说着我们爱听的话，试想，我们有兴趣跟他继续谈论吗？是不是会对他敬而远之？

如果一个人表情淡如冷水，冷漠麻木；或羞怯痴呆，惶恐不安；或情不由衷，滑稽可笑；或紧皱眉头、铁青着脸；或恶声恶气，像凶神似的露出一副恶相，试想，有谁还敢与他相处呢？他又怎能与人沟通感情、办好事情呢？在我们必须说服他人时，就要参加辩论和谈判，那么，如何使对方口服心服呢？

因此，一个善于通过笑容加上恰到好处的眼神表达美好感情的人，可以使自己富于迷人的魅力，也可以感染他人，引来情感上的共鸣。多一些敬重，多一些宽容和理解的表情，会让自己显得更美和更具风度。

微笑是温暖的阳光，微笑是和煦的春风，将微笑当作礼物，

第三章　每天读点口才心理学

慷慨地、温和地、像春风春雨一样奉献给他人，使他人感到亲切、愉快，使人人都乐意与我们交往、做朋友，我们就会赢得意想不到的好人缘，所以微笑是促进我们社交成功的必要手段。

但是，微笑必须是真诚而友善的，是我们发自内心的表现。对于一个心地不诚实的人来说，是不可能表现真诚的微笑的。微笑的表情之所以令人愉快，之所以动人，之所以到处受欢迎，最主要的原因并不在于其表情在外观上给人以美感，而在于这种表情所传递、表达的可喜的信息和美好的感情，能引起人们心灵的共鸣。

人的感情是丰富的，人也是很容易被感动的，而感动一个人靠的未必都是慷慨的施舍和巨大的投入。往往一个热情的问候、温馨的微笑，已足以在一个人的心灵中洒下一片阳光。如果我们想要彻底改变自己的说话方式，那就先从改变那副生硬的面孔开始吧，时刻不要忘了露出一抹开心、愉悦的微笑！

【心理学专家告诉你】

发自内心的微笑是人们美好心灵的体现，也是心地善良、待人友好的表露，更是一个人有文化、有风度、有涵养的具体体现。一个有修养的人，就应该是这样的一种人。

第四章
每天读点成功心理学

激发潜意识的力量

美国退伍军人史蒂文在战争中脊柱受伤，失去了行走的能力，靠轮椅代步20年。他整天坐在轮椅上，觉得此生已经完结。有一天，他不幸碰上三个劫匪抢他的钱包，他拼命呐喊反抗，激怒了劫匪，他们就放火烧他的轮椅。看到轮椅着火，史蒂文好像忘记了自己的双腿不能行走，立刻站起来逃走，求生的欲望竟然使他一口气跑了一条街。

事后，史蒂文说：如果当时我不逃走，就必然被烧伤，甚至被烧死。我忘了一切，一跃而起，拼命逃走，以致停下脚步，才发现自己会走了。

弗洛伊德说，冰山浮在海平面可以看到的一角，是意识。而隐藏在海平面以下，看不见的更广大的冰山主体便是潜意识。根据现代心理学理论，所谓意识，是人所特有的反映客观现实的高级形式。而潜意识，是指人没有意识到的心理活动。心理学家弗洛伊德和布洛伊尔在治疗癔病时发现，患者不能意识到自己的一些情绪经验，但是在催眠状态中，却能够回忆起自己的有关病症

第四章　每天读点成功心理学

的经验，并且感到心里舒畅。同样，正常人也有很多心理能力是自己体察不到的。如果能够察觉到这些能力并加以开发，成功就不是难事。

潜意识的开发需要欲望的促进。欲望，在心理学上称为"需要"，它是人脑对生理需求和社会需求的反映，是个体心理活动和行为的基本动力。需要和人的活动紧密联系，是行为积极性的源泉，正是这样或那样的需要推动着人积极地活动。比如饥饿时寻找食物，孤独时寻找伙伴，都是在相应需要的推动下进行的。

需要永远带有动力性，它并不会因暂时的满足而终止。有些需要带有明显的周期性，如对饮食和睡眠的需要；有一些需要满足后，会产生新的需要，新的需要又推动人们去从事新的活动，在活动中不断满足已有的需要，又不断产生新的需要，从而使活动不断向前发展。

人类的需要非常复杂，一般来说，可以根据情况分为生理性需要和社会性需要。社会性需要如果长期得不到满足，虽然不会直接危及人的生命，但却有可能导致适应不良，出现某种心理障碍等。

人类的基本需要是相互联系、相互依赖和彼此重叠的，他们排列成一个由低到高逐级上升的层次。只有低级需要得到基本满足后，才会出现高一级的需要，只有前面几种需要相继得到满足，才会出现自我实现的需要。最占优势的需要将支配一个人的意识，并组织有机体的各种能量来满足此需要，而不占优势的需要将被减弱；层次较高的需要发展后，层次较低的需要依然存在，但对行为的影响则减弱了。

生理需要是直接与生存有关的需要。在人类各种基本需要中，生理需要是最基本的，也是最有力量的需要，是其他一切需要产生的基础。如果这些需要中有一种不能满足，就会严重影响个体的正常生活。

对大多数人来说，生理需要是容易满足的。但是，当生理需要无法满足时，往往更能引起强烈的欲望。这就是为什么很多成功者都是自幼家境贫寒的缘故。因为他们经常衣食不周，生理需要得不到满足，所以有着强烈的生存欲望，从而激发了自己的潜力。相反，很多家境富裕的孩子客观上不能产生强烈的生存欲望，他们的需要层次在一开始就比较高。但是随着需要层次的上升，需要的力量相应减弱，产生欲望的强烈程度就会随之降低，不利于潜力的爆发。

【心理学专家告诉你】

成功就需要人在不同的需要等级上都保持强烈的欲望。如果欲望的强度相同，那么需求的等级越高，所得到的成功就越大。对于自我实现的需要而言，成功就意味着不断超越自我，其结果是无论在那种行业，都会成为世界上最杰出的人。

成功要靠自我激励

发明大王爱迪生小时候只上了三个月的学就被开除了，老师说他太笨了。但爱迪生的母亲坚信自己的孩子绝不笨，她经常对爱迪生说："你肯定要比别人聪明，这一点我是坚信不疑的，所

第四章　每天读点成功心理学

以你要坚持自己读书。"并且亲自辅导爱迪生学习。在母亲的鼓励和教导下，爱迪生经过不懈努力，成为伟大的发明家。

有效的激励可以激发人的动机，使人有一股内在的动力，朝着所希望的目标前进。人的积极性和创造性的发挥与其所受到的激励程度有密切关系。美国著名心理学家W·詹姆斯发现，一个人的能力在平时的表现和经过激励后的表现几乎相差一倍。激发人的动机，使人有一股内在动力，就能达到推动并引导行为使之朝向预定目标的作用，即能调动人的积极性以实现目标。

激励有两种形式：物质激励与心理激励。对于成功而言，心理激励是更为重要的。因为物质激励容易被视为行为的结果，从而使人产生"完成任务"的心理，而有倦怠的感觉。而心理激励是先行的，不会因为任务的进程而产生影响。激励也有外在激励与自我激励之分。爱迪生的母亲对儿子所实行的就是外在激励，而自我激励因为其信任度更高，所以效果就更强。一般而言，恰当的外在激励能够引发自我激励。

古希腊有个有名的神话故事。一位年轻的王子名叫皮格马利翁，他很喜欢雕塑。有一天，他雕刻了一个美丽的少女。这个雕塑太美了，以至于王子爱上了这个雕塑，热切地希望"她"成为一个真正的少女。后来王子的诚心感动了天神，天神就使这个雕像真的变成了一个美丽的少女，和王子生活在一起。心理学上用这个故事命名了一个心理定律——皮格马利翁效应，指热切的期望能使被期望的人达到期望者的要求。

人们通常这样来形象地说明皮格马利翁效应："说你行，你就行；说你不行，你就不行。"在爱迪生的例子中，他的母亲对他施行了一种心理暗示，就是"你很聪明"，"你一定会通过自学成才"。这种暗示很强烈，让幼小的爱迪生深信不疑，从而在学习上发挥出了自己的聪明才智。

为什么这种自我期待心理可以产生如此之大的作用呢？因为信任在人的精神生活中是必不可少的，它代表一种对人格的积极肯定与评价。每个人都有被别人所信任的需要，而当这种需要得到满足的时候，人们就会感到鼓舞和振奋，就容易发挥出自己的潜力。

人类的本性中，有一种强烈的倾向，就是希望能彻底变成自己想象中的样子。我们一切的表现，完全是思想的结果。可见思想具有决定命运和结局的力量，这是一个普遍的真理。许多成功的人物之所以能够实现他们的梦想，主要是因为他们将渴望和思想具体化、形象化，他们具有按照成功来思考问题的习惯。他们心里所想、行为所做的都是朝向成功，因而最后都成为事实。

我们生活在世界上，每天接受大量信息，有正面也有负面。因为经常接受负面暗示的人容易灰心沮丧，一生无所作为，而接受正面暗示的人则倾向于表现出积极心态，百折不挠。心理学认为，人可能会"条件反射"地受到某种定性的思维、行动以及结果的禁锢。正是一次次对自己的负面暗示，使得我们放弃了努力，殊不知，机会已经悄然临近。所以我们要主动接受正面暗示，排除负面暗示，并使自己充满自信。

【心理学专家告诉你】

著名心理学家班杜拉提出了自我效能理论。他认为可以通过以下途径来培养个体的自我效能感：及时的自我强化以自我奖励

第四章　每天读点成功心理学

的方式激励或维持一个人达到某一目标，目标的实现可以提高自我效能感。

明确的目标才能实现

美国妇女弗罗伦斯·查德威克是第一位横渡英吉利海峡的女性。在这个壮举之后，她计划横渡卡塔丽娜海峡。这个海峡有30多千米的距离，要是成功了，她就是第一个游过这个海峡的妇女。

1952年7月4日，海面上的雾气非常浓，海水也特别冷，冻得弗罗伦斯身体发麻。她连护送自己的船都看不到，所以就一个人在海中游。15小时55分钟之后，她感到又冷又饿，知道自己不能再游了，请求随行的教练和母亲把她拉上船。他们告诉她，只要再坚持一下就到了。但是，由于她看不到海岸，决定放弃。这时，她离海岸只有不到800米。

后来弗罗伦斯总结说，她放弃的原因主要是浓雾，因为浓雾让她看不到海岸。两个月后，她终于成功地游过了这个海峡，而且比男子记录快了大约两个小时。

几乎每个人都有自己的目标，目标给了人们生活的目的和意义。因此，要取得成功，我们就必须有明确的成功目标。有了目标，我们才知道要往哪里去，去追求些什么。没有目标，我们的努力就会失去方向，而成了没头苍蝇。人生如果没有目标，就不可能做出任何有意义的事情，也不可能采取任何有效的步骤。如果没有目标，没有任何人能成功。

许多失败都与目标的不具体有关,只有制定明确的目标,人们的努力才会有方向,目标明确具体,人们的行动才会有较高的效果。就像打篮球,要想投篮就必须要知道篮筐的位置。因此,每一个愿望都应该转化成为明确而具体的目标。

心理学研究发现,在人的恐惧心理中,最根本也是最顽固的是对恐惧本身的恐惧。比如在恐怖电影里,如果突然从门后面跳出一个面目狰狞的鬼怪,观众可能会吓一跳,但是观众恐惧感最强烈的时候是鬼怪跳出来之前的一刹那,因为观众还不知道接下来会发生什么。一旦观众知道下面的剧情,甚至了解了鬼怪的样子,恐惧感就会迅速降低。所以,有目标要去追求的人,心理的压力和张力就会减弱。

每个人都曾有过梦想,有些人能使梦想成真,但有些人的梦想成了幻想,或者,不再存有梦想。主要的原因是什么呢?原因在于,他能不能定出正确的目标。我们所确定的目标一定要清晰、具体、现实而富有挑战。

一项针对日本东京大学毕业生的调查表明,只有3%的毕业生有明确的目标,并予以书面化。12年后,针对同一人群的跟踪调查发现,当初那3%有目标的人,他们的收入状态明显优于其他的人,并且对生活的满足程度也高出其他人许多。可见,明确的目标对成功有多么重要。

制定目标可以帮助我们获得成功,并且,由于成功是通过我们的努力获得的,它便具有真正的价值和意义。我们会极力保护自己的劳动成果并使其增长,把它建立在更加坚实的基础上。有人可能没有经过制定目标这一程序而取得了某种程度上的成功,

第四章　每天读点成功心理学

但是，不制定目标，就不能充分发挥其自身的潜能。

不过目标与成功可能性之间的关系不是一种线性关系，而是倒 U 形曲线关系。也就是说，在比较容易的任务中，工作效果有伴随目标的提高而上升的趋势；而在比较困难的任务中，结果的成就水平有逐渐下降的趋势。所以中等强度的目标最有利于任务的完成，目标过高对行为反而会产生一定的阻碍作用。例如有的学生一心一意想考满分，但临场发挥时处于高度紧张状态，结果往往不能充分发挥出真正的水平，甚至不及格。

【心理学专家告诉你】

目标可行并不意味着可以降低自己的目标，目标必须超越自己最大的能力，但必须是可行的。如果不可行，我们就不会有完成任务的信心，也就不可能达到我们想达到的境界。超越原先的目标，这样就更能激发出内在的动力。

风险与收益成正比

据说，法国皇帝拿破仑在巡视军营的时候，听到一个落水士兵的求救声。拿破仑问随从的军官说：他会游泳吗？军官回答说：会一点儿，但是水性不好。

拿破仑命人取来一支长枪，对着落水士兵的身旁射击，并且喊道：马上给我游上岸来，不然我就枪毙你！子弹打得士兵周围水花四溅。落水的士兵于是挣扎着游回岸边。他对拿破仑说：皇

每天读点心理学

帝陛下，您差点儿打死我。拿破仑说：如果我不开枪，你才死定了。

英雄和懦夫都会有恐惧，但英雄和懦夫对恐惧的反应却大相径庭。对于大多数人来说，不能在人生中产生突破，是因为他们对失败的危险性产生了很大的恐惧。比如对大多工薪阶层来说，拥有一个高薪而稳定的工作要比自己创业保险得多，他们想的也就是自己可以高枕无忧地生活下去，但是，他们从来没想过，如果自己创业，也许只要几年的时间所赚的钱就够自己一辈子用了。

许多人认为，生活中应当避免冒大风险。比如创业就太冒险了，如果失败了将如何面对负债累累的困境？他们总是从这个方面去想，似乎创业就意味着失败。于是，接受大公司的职位就成为许多人的上上之选，似乎其中不存在某天被解雇的风险。

世上没有万无一失的事，很多认为有百分之百把握的事最终也可能失利。但这不该是你不去做的理由，因为不动手做的人，虽然不会失败，但也绝对不会有成功。任何人开始某项尝试的时候，实际上他就已经开始冒某种程度的风险了。

普通人把创业这种行为看作是有危险的事，因而产生出相当大的恐惧感。所以，他们宁愿给别人打工，也不愿意冒风险。这种心理状态是普遍存在的，即使是作为自由创业经济的中心——美国，也只有8%的家庭是为自己打工的业主或自由职业者。在中国，这个数字就更少了。但是大多数人都不知道，只有把自己抛入危险之中，才能发挥出最大的潜能。这与一种称为"应激"的情绪状态有关。

人在面对危险或出乎意料的紧张情景时，就会进入应激状态。

第四章　每天读点成功心理学

这时，其生理状态会发生显著变化：肾上腺会分泌大量肾上腺素，使血压升高、心率加快、血液循环加速，同时肝脏释放的大量肝糖原随着血液循环不断提供给大脑与肌肉，而消化系统暂停工作，又使人体的血液相对集中。于是，在血液量充沛的情况下，肌肉获得了远远超出通常水平的巨大能量，使人瞬间变得更为强壮有力，而大脑在养料与能量的补给中，使思维变得更为灵敏、警觉。这种生理上的突发性剧变，有助于人适应突如其来的偶发事件，动用自己的全部力量，集中自己的智慧和经验，发挥出全部潜力。

但是，应激状态如延续时间过长，剧烈的生理变化具有潜在的危害性。由于人体能量大量消耗，机体容易受感染，而大量的肾上腺素随血液流动对机体组织、器官构成伤害，病变便由此而发生。应激也有两重性。它既能增强人的活动能力，使思维变得清醒、灵敏，也可能减弱人的活动能力，使人行为呆板、思维紊乱。应激状态中的不同反应主要取决于人的主观因素，其中既有先天因素的影响，也有后天因素的影响。毫无疑问，后天因素对应激行为的影响更为明显。

所以，冒险不等于蛮干。真正具有冒险精神的人不避风险，却绝对不蛮干，他们有自己的风险法规。真正的冒险不是头脑发热后的产物，而是谨慎的人进行的大胆尝试。

【心理学专家告诉你】

勇于冒险不等于碰运气。它是积极主动的进取，而非不管结果如何，先这么做起来再说。众多成功人士的经历告诉我们：承担风险必不可少，但碰运气式的冒险绝对不可以。

规划成功的蓝图

1969年,匈牙利教育家拉斯洛·波尔加的大女儿苏珊出生了,5年后二女儿索菲亚来到了人世,过了一年又生下了三女儿朱迪。波尔加和妻子放弃对女儿们进行传统的学校教育,而全部教育转到家庭中,从一开始就把她们带到国际象棋这个领域。于是,他们营造训练气氛,聘请专职教练对她们严格训练,使她们的棋艺进步神速,专业素养比起众多一流棋手毫不逊色。苏珊4岁就获得布达佩斯11岁以下儿童组冠军,7岁成为女子象棋大师。此后,波尔加三姐妹如耀眼的星星,相继闪烁在国际象棋界。

1989年,三姐妹组队夺得国际象棋世界杯团体冠军;1996年,苏珊击败谢军,成为世界历史上第8位棋后,朱迪的成绩即使与男棋手相比也能进入世界十强。朱迪在世界女棋手中排第1、苏珊排第2、索菲亚排第6。

生涯规划已变成现代人必修的人生课题。波尔加三姐妹光彩照人,正说明人生不仅可以策划,在父亲的匠心独运中,还可以获得很大的成功。他为三个女儿策划了成功的人生之路,创造了一个奇迹。孙子兵法云:庙算多者多胜,庙算少者少胜。成功很多时候就是策划出来的。

生涯并不是个人在某一时段所拥有的职位与角色,生涯的发展是一生当中连续不断的过程。生涯概括了一个人一生中所拥有的各种职位、角色,因此,生涯不是个人在某一阶段所特有的,而是终身发展的过程。每个人的生涯发展是独一无二的。生涯是个人依据他的人生理想,为了自我实现而逐渐展开的一种独特的

第四章　每天读点成功心理学

生命历程，不同的个体有不同的生涯，也许某些人在生涯的形态上有相似的地方，但其实质却可能是完全不同的。人是生涯的主动塑造者。生涯是一动态发展历程，每个人在不同的生命阶段中会有不同的企求，这些企求会不断地变化与发展，个体也就不断地成长。生涯是以个人事业角色的发展为主，也包括了其他与工作有关的角色。生涯并不是个人在某一阶段所拥有的职位、角色，而是个人在他一生中所拥有的所有职位、角色的总和，这个总和不只局限个人的职业角色，也包括涵盖人生整体发展的各个层面的各种角色。

人的一生从婴儿到老年是一个完整的心理周期，不同阶段会有不同的人生任务和心理特点。生涯规划，是为个人制定生涯目标，找出达到目标的方法手段，其重点在于找出个人目标内的机会，达成更好的组合，强调提供心理上的成功。在整个生涯历程中，因为年龄及成长阶段、环境等的不同，所扮演的角色及所担负的任务也会有所改变。因此，在拟定生涯规划时，必须审慎而周到地考虑到每个阶段的需要。

发展心理学家认为，生涯规划依年龄可以划分为以下四个阶段：在30岁以前为自我发现期，30～40岁之间为自我培养期，40～50岁之间为自我实践期，50岁以上为自我完成期。这与孔子所说的"十有五而志于学，三十而立，四十而不惑，五十知天命，六十而耳顺，七十而从心所欲，不逾矩"不谋而合。随着现代人心理早熟的倾向、信息发达等因素，这种年龄层的划分可能还会降低。

一颗种子，想要茁壮成长为大树，需要有适合的土壤、阳光、空气和水分。大树的年轮为什么有时宽、有时窄？关键就在于那

每天读点心理学

一年是否阳光充沛、雨水丰足。风调雨顺的年岁里,年轮会较宽;干旱的岁月里,年轮就较窄。我们对自己生涯的关心与培植,就像阳光、空气、水,一个愿意为生涯付出努力和行动的人,人生就会丰富多彩、生生不息;若是浑浑度日,当你回顾往事时,可能只有无限的惆怅和懊悔。

【心理学专家告诉你】

生涯规划包罗万象,不仅是对事业、职业的追求,更重要的是对生活形态的选择。所以每个人都应该通过对生涯的探索,根据自己内在的特质、背景、需求、价值、性格等,制定出适合个人的生涯规划。

价值认知决定方向

一天,一位哲学家与渔夫在一艘小船上,哲学家闲来无事,就问渔夫:"你懂得哲学吗?"

渔夫回答:"不懂。"

"那么你失去了30%的生命。"哲学家又问:"你懂得数学吗?"

渔夫回答:"不懂。"

哲学家说:"那么你失去了80%的生命。"

这时,一个大浪打过来,把哲学家打到了海里,渔夫大声喊道:"你懂得游泳吗?"

哲学家回答:"不懂啊!"

第四章　每天读点成功心理学

渔夫说："那么你就失去了100%的生命。"

在人的一生中，每个人都会面临许多抉择，需要个人作出明智的决定。个人的价值观是影响你作出决定的根本原因。虽然人生发展除了自身的条件外，竞争对手与机会等客观的环境因素也影响很大，但是价值观与成功目标的确定息息相关。

价值观是指人对世界的看法。价值观的探索是人生历程中一直存在的课题，应该承认价值体系有相当程度的稳定性，但也有人会随着个人的生活经验而变动。任何人都需要经过岁月的磨炼和自省思考，逐渐形成定型的个人价值观。

价值观通常是最深层的、不外露的。朋友间可能可以分享彼此的人格类型、个人风格，但不会轻易展示明显的价值观。价值观对每个人而言也就因此变得更加深邃，成为引导人们日常生活的一般不易察觉而又无所不在的力量。价值观的探索是生涯规划中的一个重要课题，因为价值观是影响个人生涯决定的重要因素。

价值观能帮助人了解自己的生活目标和意义，使人在面对决定时有较明确的选择。它是长时间慢慢积累而形成，所以也需要花时间去澄清。

比如大多数人重视经济报酬，他们工作的目的就在于获取报酬，重视财富的积累，收入的高低常会有意无意地影响他们对工作的选择。还有人看重自己的尊严与威望，希望所从事的工作能给他带来较好的名声，也希望能因此获得别人的尊重和肯定，要求相对社会地位较高的职业。成就感也是常见的价值取向，成就感使人看重工作中的成绩，希望能有成绩突出的表现，也会因为一项工作完成了而获得满足。

当然，也有人最重视能过安逸的生活，不希望从事太辛苦的工作，也不喜欢因工作而让生活过得太紧张，认为工作应该要轻松、愉快、过得去就好了。这样的人希望有较多较长的假期，无法接受忙得几乎没有休假的工作，也不希望工作会妨碍他自由自在的生活。

有人认为价值观不过是指书本上的大道理或社会上一般人的看法，这样的想法是有偏颇的。价值观对一个人来说，更重要的是内心所认定的，言行上实践的。也是由个人对各种事情不同的喜好程度而推论出来。或许大多数人认为财富是最重要的，但有的人却认为为了健康可以牺牲财富，对他来说，"健康"才是人生的价值所在。

当然，人生的意义不仅仅是个性的选择。人类社会发展了数千年，已经形成了一套比较成熟的价值规范，无论什么样的种族、什么样的民族，在大部分价值观上都是相同的。

【心理学专家告诉你】

美国心理学家赫威斯特认为，人的一生应当在个人的行为导向上建立适当的人生观念与道德标准；能够选择适合自己能力和兴趣的职业，而且肯努力奋发为取得该种职业而准备；有经济独立的信心，即使在金钱上尚不能自给自足，在生活中尚不能自食其力，自己也能有信心和意愿不依靠别人。

第四章　每天读点成功心理学

成功需要果断的行动

亚历山大大帝在进军亚细亚之前，决定破解一个著名的预言。这个预言说的是谁能够将神庙里的一串复杂的绳结打开，谁就能够成为亚细亚的帝王。在亚历山大大帝到来之前，这个绳结已经难倒了各个国家的智者和国王。由于这个绳结的神秘性，导致能否打开这个绳结关系到了军队整体的士气。

亚历山大大帝仔细观察着这个绳结，果然是天衣无缝，找不着任何绳头。这时，他灵光一闪："为什么不用自己的行动来打开这个绳结呢！"于是他拔剑一劈，绳结一分为二，这个保留了百年的难题就这样被轻易地解决了。

对于成功心理的影响因素的分类有很多种，但不论哪种分类方法，都无一例外地包含有"行动"这个因素。观念的力量体现在动力之源上，它是成功的"发动机"。而行动的力量则主要体现在动力的成效方面，是"滚动的车轮"。诺贝尔文学奖得主海明威说：没有行动，我有时感觉十分痛苦，简直痛不欲生。

每一个人都可以有很多思想，而且每时每刻都可能有很多思想。但是，在人的一生中，能变成现实、转变为行动的思想却是微乎其微。一天之中，在我们想过的100件事中，有三四件能最终转变为客观现实就已经难能可贵了，有七八件能转入到探索性行动中就更加可歌可泣了。主动地尝试是从思想走向成功的重要的一步。如果没有尝试，我们就不知自己的思想是否正确，也不知自己的观念是否能为自己、他人或社会带来收益。但只要经过尝试，成果就可能呈现。

然而人的决策是复杂的心理过程，会被犹豫心理所干扰，不能果断地作出决策。

果断性是一个人善于在深思熟虑的基础上，适时而坚决地作出决定和采取决策的意志品质。果断性在日常生活中有重要意义。具有果断性的人善于进行周密思考，对问题情境能作出准确的分析与判断，然后当机立断，毫不迟疑毫不畏缩地作出决定。

绝大多数决策事件多少会带有一些不定因素。由于这种决策存在风险，往往使人犹豫不决，踌躇不前。结果，"时过境迁"，坐失良机，反而造成失败或挫折。所以，果断、坚决、勇往直前、敢于决断才是成功者应有的良好品格。

对于发挥潜力而言，一个人所能遭遇到的最大障碍就是拖延。一旦跨越了这个障碍，便可以持续行动，每天完成一些事项。了解自己的动向只不过是个开端，为了能达到目标并过着梦想的生活，就必须马上行动！只要行动，就可能达到最终目标。如果你只是在一旁观望，你将终其一生也无法成就大事。

耽搁会阻碍一个人成功的进度，所以必须持续采取行动，只有这样才能掌控自己的人生并得到期待已久的事物。许多人为进度迟滞编造借口，但生活的赢家并没有时间苦思沮丧，因为他们总是忙于采取行动以及完成任务。

当想要拖延时，就开始做些别的事——任何事都可以，来克服拖延。这是让自己继续向前迈进的动力来源。也可以为自己设定一个最后期限，想想看自己想要完成什么。可以想象自己只剩一年的生命，说服自己这是真的，将它化做激励自己前进的动力。

第四章　每天读点成功心理学

自己都无法得知什么时候生命会结束，这样的不确定性让自己以为拥有无限的时间。

【心理学专家告诉你】

不完美的开始胜过完美的犹豫。许多事情你不采取行动，可能它就永远不会时机成熟或者条件具备。对于勇敢的人来说，没有条件也能够创造条件，他的行动永远是最好的时机和条件。

胜利孕育在坚持中

战争期间，一位身体虚弱的母亲独自带着三岁的孩子步行逃难。后来她实在支持不下去了，就找到了难民潮中的一位神父，哀求神父帮助她的小孩。神父略通医道，他发现这位母亲体力尚可，便断然拒绝了她的哀求。虚弱的母亲心中不由得十分愤怒，转身抱着自己的孩子，回到难民潮的队伍当中，最终走到安全的难民营。这个时候，神父来探望这位身体已经恢复健康的母亲，神父看到她，欣慰地说："还好我当初没有接受你的托孤任务，今天我才能看到你们母子俩都平安……"

坚持的决心是最重要的积极心态。充满智慧的神父，在最危急的时刻，让这位可怜的母亲激发出无穷的潜能，让她自己解决自己的问题。生命的能量往往在你下定决心的时候被激发出来。如果谁决心去干某件事，就会激发出自身所有的潜能去做，直到成功。

毅力不是天生的，而是培养出来的，我们要在完成艰巨任务的过程中培养毅力。越是面临困难，就越要敢于迎难而上，任务完成了，毅力也培养出来了。如果等有了毅力才去完成任务，就永远不会有毅力。

一个人由于知识经验有限、思想方法的缺陷以及条件、环境的限制，经常会碰到种种困难与干扰。困难与干扰容易使人丧失兴趣，滋生畏难情绪。因此，为了驾驭自己的行为方向，就要有顽强的毅力，制止与预期目标相矛盾的行为，并克服种种困难与干扰，去实现预定目标。尤其在富有开拓创新的事业中，开拓者更须具有坚韧的性格特征，因为在无人涉足的新领域中探索会碰到无法预知的种种困难，只有不怕困难、敢于披荆斩棘地奋力拼搏者才能开辟出新路，到达光辉的顶点。

斯坦福大学心理学教授迈克尔·米舍尔曾经将一群4岁左右的孩子单独留在一个房间里，先是给每个孩子发了一块软糖，然后告诉他们："我有事出去一会儿，你们可以马上吃掉软糖，但谁能坚持到我回来再吃，那么他就可以得到两块软糖。"结果有的孩子迫不及待地把糖吃了；有的孩子虽然犹豫了一会儿，但还是忍不住吃了；还有的孩子通过唱歌、做游戏甚至假装睡觉坚持到最后。20分钟后米舍尔回来了，坚持到最后的孩子又得到了一块软糖。

这次实验过后，米舍尔进行了长达14年的追踪。到中学时，这些孩子表现出了明显的差异：那些坚持到最后的孩子具有较强的适应能力和进取精神，他们自信、合群、勇敢、独立；没有坚持到最后的孩子则比较固执、孤僻，往往会屈从于压力而逃避挑战。

第四章　每天读点成功心理学

"果汁软糖实验"证明，坚持的能力对一个人的成功起到了何等重要的作用。这项研究表明，一个人成功可能与情绪调控能力有密切的关系。坚定性即顽强性，是一种为实现既定目标而持续努力拼搏的意志品质。具有坚定性的人能长时期坚信自己决定的合理性，坚持自己的行为方向，并能锲而不舍、百折不挠地克服种种困难，直至实现自己预定的目标。

坚定性也与一个人对预定目标的明确性、牢记目标的持久性和实现目标的迫切性相关联。目标明确对行动有指引作用，而牢记目标则使人产生实现目标的渴望，这种渴望既是顽强毅力的源泉，又是促进行为的内在动因。目标在心中的地位越牢固，实现目标的愿望就越迫切，所引起的行为就越坚定。为自己确立一个明确的目标，并将目标时刻铭记在心中。这样，内心就会焕发出追求目标的激情，朝着预定的目标持续努力的行动就会坚定而有力。

【心理学专家告诉你】

毅力不等于蛮干，不等于执拗，也不等于顽固。顽固是消极的意志品质，而毅力则是积极的意志品质，它是人们理智的选择，能及时地总结经验和教训，从错误和失败中去寻找到理性的行动，因而能将失败变为成功，能使小胜利变为大成功。

将压力转化为动力

有两名船长要指挥着各自的帆船横渡海峡。但是此时海峡上空乌云密布,眼看暴风雨就要来了。船长 A 考虑了一会儿,命令水手往船上装石头。船长 B 从望远镜里看见船长 A 的举动,不免嘲笑对方的愚蠢。船长 B 认为让船减轻重量才能使船快速通过暴风雨,所以他命令把船上一切没用的物品都扔掉。

没想到,船长 B 的帆船在海峡中被狂风吹翻了,而船长 A 的帆船因为载重很大,所以稳稳当当地渡过了海峡。

现实生活中的每一个人,都会感受到压力的存在,并不是真的有千钧重担压在你的肩上,而是一种无形的、能使你的精神和心理感受到的压力。无法承受压力的人,严重的会精神崩溃,普通的也会叫人意志消沉。

压力是对精神和肉体承受力的一种要求。如果承受力能满足这种要求并欣赏其中的刺激,那么压力就是受人欢迎、有益无害的。反之,压力就会使人衰弱,就会成为不受欢迎、有害无益的。

压力是生活的一部分。在不发达的社会中,压力首先是与寻找食物、寻求安全以及寻找配偶、繁衍后代等生存需要联系在一起的。在发达的社会里,压力与基本的生存手段关系甚微,而与社会的成功、与对极大提高的生活水平的评判、与满足自己或他人的愿望紧密相关。

要弄清楚压力,必须从两个方面入手:一是外界的要求(它们是些什么,如何根据需要增加或减少它们);二是自身的承受力(我们如何对压力作出反应,我们如何对反应进行必要的调整)。我们从一开始就必须明白,各种要求都会随形势变化而改变,承受力也是因人而异的。即使是同一个人,也会因时间地点的改变

第四章　每天读点成功心理学

而改变。

在现实生活中，压力并不一定总是一件坏事，以至于如果缺了它，人类自己还要创造出压力。最简单的例子莫过于我们宁愿承担心理压力也要把事情拖到最后一分钟去做。不只是对那些令人不快的、不想去做的事情是如此，即使是对那些我们愿意去做，有必要去做，做完后感到充实、感到有价值的事也同样如此。我们之中许多人似乎只有在经历这种压力时工作才能完成得更出色，就像伟大的法国文学家巴尔扎克只有在债台高筑之时才写作一样。

心理学家认为，人的心理是有弹性的。就像弹簧一样，你越是挤压它，它的弹力就越大。同样，在心理压力下，生存需求和社会动机会将人的潜力激发出来。在一定程度范围内，压力越大，激发潜力的可能性就越大。

有压力的人生，才会是成功的人生。不过，多大的压力才算是正常的却不好界定，因为每一个人所能承受的压力并不相同。假如压力低于承受力，我们会觉得索然无味，缺乏刺激，这同样会产生心理和生理问题，正如压力能带来的损害一样。假如压力超出承受力，我们就会感到紧张过度，最终被压垮。一旦出现过度紧张状况，我们可以想方设法降低要求，直到把它限制在力所能及的范围内，或者还可以想办法增强承受力，直到它能满足要求为止；也可以同时既降低要求，又增强承受力，直到二者达到一个和谐的可以接受的程度。

不过，现实生活中的每一个人，即使在最感觉有压力的日子里，也有无数的毫无压力之事。事实上，不幸在数量上相对来讲是极少的，问题是我们无法摆脱它们，只是任凭它们占据我们的思想和情感，已经到了失掉机会享受更美好时光的程度了。

【心理学专家告诉你】

美国心理学家默里认为，动机是需要和压力共同作用的结果。需要是倾向性的因素，压力是促进性的因素。当人的需要被唤起时，个体便处于一种紧张状态，需要满足之后，这种紧张状态就会减弱。

不要被成功欲望绑架

有个富翁得到了一盏古老的油灯。他试探着擦了擦油灯，没想到真的从里面跑出一个神怪。神怪答应富翁可以满足他一个愿望。

富翁说：我要更多的土地！

神怪说：好吧，你现在到田地上去，在太阳下山以前，凡是你的脚印围起来的地方都是你的。

富翁想得到尽可能多的地，就越跑越远，不吃也不喝。可是到太阳下山的时候，他的脚印并没有围起来，最后一寸土地也没得到。

你一天平均工作几个小时？8个小时、10个小时，还是夜以继日、无休无止地工作？对大多数人来说，现在拼命工作，是为了将来可以"少工作"或"不必工作"，希望有朝一日能过着享

第四章 每天读点成功心理学

乐的日子，所以现在才努力工作。但对某些人来说，他们之所以工作，因为他们无法从工作中自拔，离不开工作，他们就像高速运转的机器一样，完全无法让自己停下来。

如果你属于前者，那说明你还正常；但如果是后者，恐怕你已经对工作着魔，并犯了工作上瘾的毛病。换句话说，你已经变成了一个工作狂。或许你不愿承认，并且辩称："我这是热爱工作，不是什么工作狂。"那么，我们不妨来看看"工作狂"与"热爱工作"有什么不同。

根据心理学的解释，如果一个人不论吃饭、睡觉、读书、聊天、玩乐的时候，心里都每时每刻地想着工作，就可以肯定，这个人是100%的工作狂了。

心理学家还提出许多工作狂难以理解的观点：一个热爱工作的人，不见得就会工作上瘾；相反，一个工作上瘾的人，未必就是热爱工作。每一个工作狂都有不同的工作动机。有些人嗜好工作中的侵略性，有人依赖井然有序的工作来满足被动心态，也有人是想借工作来麻痹自己，还有的人则是因为激烈的竞争需求，用工作代表胜利，觉得自己高人一等……

心理专家检验"工作狂"的标准不是看他"做了什么"，而是看他"不能不做什么"。尽管工作狂也各不相同，专家还是提供了几种方法来让我们加以辨别：

——工作狂偏好技能，并且尽量避免无须用到技能的场合。像表达感情、想象力这一类的事，通常他们比较畏怯。

——工作狂的心中充满定义、原则、目标、方法、步骤、策略等等，遇到难以理解的事，他们绝对无法接受"笔墨难以形容"

165

这类的说法。

——工作狂无法享受"现在"的感觉，完全受制于工作的目标、成果和终点。

——效率是工作狂的信仰之一，而且近乎吹毛求疵，任何浪费、损失都令他们勃然大怒。

一个人不可能为别人负责，只能对自己负责。有些工作狂常常把别人的事当成自己的事，希望自己对所有人负责。其实，他们不可能做到如此。其结果往往是，他们不仅把自己弄得疲惫不堪，对方也不见得领情，反而认为你紧迫盯人，给他带来莫大的压力。

一个人不要做工作的奴隶。工作狂常常不自觉地会给周围的人带来压力，对别人的"感觉"也往往视而不见。有些工作狂其实是缺乏信心，期望从加倍工作中得到别人的掌声。不要太在乎别人对你的评价，否则，那反而会变成你的包袱。心理专家指出，工作狂的生活几乎完全受工作支配，一旦他们停下来，就会觉得生活立刻失去重心，无所适从。

【心理学专家告诉你】

你是不是工作狂，你自己最清楚。你要不要变成工作狂，也完全由你自己决定。你必须相信一件事，虽然热爱工作、努力奋斗、渴望成功都没有错，但绝对不是要我们变成成功欲望的奴隶，完全被工作操控，而是要我们去做工作的主人。

第四章　每天读点成功心理学

当心被名利遮住双眼

在中世纪的意大利，有一位叫塔尔达利亚的数学家，他经过自己的苦心钻研，找到了三次方程式的新解法。这时，有个叫卡尔丹诺的人找到了他，声称自己有千万项发明，只有三次方程式对他是不解之谜，并为此而痛苦不堪。善良的塔尔达利亚被哄骗了，把自己的新发现毫无保留地告诉了他。谁知几天后，卡尔丹诺以自己的名义发表了一篇论文，阐述了三次方程的新解法，将塔尔达利亚的成果据为己有，他的做法虽然在相当长一个时期里欺瞒住了人们，但真相终究还是大白于天下了。现在，卡尔丹诺的名字在数学史上已经成了科学骗子的代名词。

有的人或许会问：成功不就是谋求名利吗？为什么还要淡泊名利呢？

名和利是一对孪生兄弟，相互追随，谁也离不开谁。但是现实中有的人重名不重利，有的人重利不重名，有人追名逐利，什么也舍不得放下。

钱财对于人来说固然重要，但人不能钻到钱眼儿里去，因为世界上还有比钱更重要的东西，那就是人的品格德行。从古到今，有钱的富翁有多少，人们无法知晓，而谈起那些古今德高望重的圣贤，人们却如数家珍，正如诗中写的那样："有的人死了，他还活着；有的人活着，他已经死了。"虽死犹生的人，不是他富有金钱，而是他富有高尚的道德品质。所以在利与义之间，君子的做法是舍利取义。

从心理学的角度讲,名利心太重是自我意识不完善的表现。如果一心只图名利,又不能立即获取,功利心太切,就容易产生心理障碍,生出邪念,走入歧途。

自我意识是意识的一个方面、一种形式,是人自己认识自己,认识自己与周围环境的关系。儿童在1周岁左右便有了自我意识的萌芽,即把自己和自身以外的客体区分开来,使自己成为活动的主体。但是儿童的自我意识还不完善,尤其是不能分清自己与社会的区别,不能克制自己的欲望。所以小孩子想要一件东西,无论如何也想要到手。

弗洛伊德曾经提出人格是由本我、自我和超我三部分构成的。每一部分都有相应的心理反应内容和功能,又始终处于矛盾运动之中。本我包含了人的一切原始冲动和本能欲望,其中最重要的是性欲和攻击欲望,是一切心理能量之源。自我是在本我的基础上发展起来的,其任务是调节本我与现实的矛盾。超我是人格中代表理想的部分,突出特点是追求完美。眼中只有"名利"二字的人就是本我过于发达,而缺乏调节能力。

实事求是地说,人生无利则无以生存,无以养身,不能养身则无法立业。所以不能简单地把求利之人都视为小人,这要看为谁谋利和以怎样的手段谋利,获利后又怎样对待和利用所获取的利。求名也无过错,关键是不要死死盯住不放,盯花了眼。那样,必然要走上沽名钓誉、欺世盗名之路。

【心理学专家告诉你】

求名并非坏事。一个人有名誉感就有了进取的动力;有名誉

第四章　每天读点成功心理学

感的人同时也有羞耻感,不想玷污自己的名声。但是,古今中外,为求虚名不择手段,最终身败名裂的人也很多。要知道,名和利只是为成功所付出的辛劳的副产品。

信心是成功的钥匙

心理学家引导七个人穿过一间黑暗的房子。然后,他打开房内的一盏灯,这些人看到这间房子的地面是一个大水池,水池里有几条大鳄鱼,刚才他们就是从水池上方搭着的一座窄窄的小木桥上走过来的。

心理学家问:"现在,你们当中还有谁愿意再次穿过这间房子呢?"过了很久,只有三个胆大的人站了出来。其中一个小心翼翼地走了过来,速度比第一次慢了许多;另一个颤巍巍地踏上小木桥,走到一半时,竟趴在小桥上爬了过去;第三个刚走几步就趴下了,再也不敢向前移动半步。

心理学家又打开房内的另外几盏灯,这时,人们看见小木桥下方装有一张安全网,只是由于网线颜色极浅,他们刚才根本没有看见。"现在,谁愿意通过这座小木桥呢?"心理学家问道。这次又有五个人站了出来。

"你们为何不愿意呢?"心理学家问剩下的两个人。"这张安全网牢固吗?"这两个人异口同声地反问。

爱默生说:自信是成功的第一秘诀。积极乐观的心态能够让人战胜恐惧。失败的原因往往不是能力低下，而是信心不足，还没有上场，精神上首先败阵。乐观的心态能够让你战胜恐惧，成功地通过一座座险桥。一件事的成功，往往需要很多因素。而事实上只要具备其中关键性因素的能力就可能获得成功，而在非关键因素上的能力不足，并不会影响成功。

但是在现代社会，任何人都会不断地遭到自卑感的冲击。个体心理学的创始人阿德勒认为，人在生活中时刻都可能产生自卑感，比如先天的、生理上的缺陷，在家庭中的地位，走上社会后人与人之间的利害冲突等，都可能让人产生不完满、不得志、比别人差的情绪。他们可能因为拿自己和周围的人进行比较而感到气馁，他们甚至还会因为同伴的怜悯、揶揄或逃避，而加深其自卑感。

自卑的人，大脑皮层长期处于抑制状态，抗病能力下降，从而出现头痛、乏力、焦虑、反应迟钝、记忆力减退、食欲不振、早生白发、面容憔悴、皮肤多皱、牙齿松动、性功能低下等病症，导致衰老加快。而身体健康的破坏，将不可逆转地降低他成功的可能性。

下面介绍日常生活中几种增强自信心的简易方法，你如能熟读这些原则，并有意识地努力实践这些原则，就一定能成为充满自信的人。

首先在心理上必须做好"坐在前面"的思想准备。在集会时，总是后面的座位先坐满。许多人愿意坐到后排是因为不想为人注目，这多是由于缺乏自信心的缘故。你要反其道而为之，坐到前面去，给自己带来信心。

心理学家认为通过改变自己动作的速度，实际上也可以改变自己的态度。如果你走路比一般人快，就像是在表达这样的意思：我必须赶紧到很重要的地方去，那里有重要的工作非我去做不可，而且，在15分钟内我将出色地完成这一工作。所以，请把你走路的速度提高10%。

有的人会因自卑产生相当强烈的反抗心理，急于改变自卑的地位，不顾他人的利益，极端的自私，形成专注于自我的狂热的"优越情结"。要认识到，自信有三种类型：对自己能力的信任、对自己能力不足的信任和对自己潜在能力的信任。相信自己有本领去做事，从而心安理得、心平气和叫自信；相信自己没本事，而不去做事，不做仍然心安理得，也是自信。

当然，自信绝不是盲目地固执己见，它是建立在自己具有深刻的洞察力的基础之上的。培养起自己对事业的必胜信念，并非意味着成功便唾手可得。自信不是空洞的信念，它是以学识、修养、勤奋为基础的，缺乏自信则是以无知为前提的。要使自信不坠于想入非非，还必须伴之以勤奋。

【心理学专家告诉你】

从来没有人可以抵挡一而再、再而三的信心毁损。一再被责难的人，即使是优秀者，自信也会毁灭。心理学家C·沃登称这种现象为"无力感"，也就是所谓的"信心崩绝"。

面对困难要放声大笑

美国人杰里是一家饭店的经理，他的心情总是很好。当有人问他近况如何时,他回答:"我快乐无比。"有一天,他被持枪的歹徒抢劫,受了重伤。在医护人员把他推进急诊室后,他从他们的眼中读到了"这是个死人"。他知道自己需要采取一些行动。

正好有个护士大声问他有没有对什么东西过敏。他马上答:"有。"

这时,所有的医生、护士都停下来等他说下去。他深深吸了一口气,然后大声吼道:"子弹!"

在一片大笑声中,他又说道:"请把我当活人来医,而不是死人。"

经过数个小时的手术,杰里终于活下来了。

成大事者必须要在情绪低落的时候,能激发自己的积极心态,从而达到快乐。因此,快乐需要正确的心态才能实现。人的一生中,难免会遇到各种各样的问题,总会遇到一些不称心的人、不如意的事,此时,应该以什么样的心态面对这一切呢?此时,如果你有快乐而又自信的好习惯,那么效果往往是出人意料的。

具有乐观、豁达性格的人,无论在什么时候,他们都能享受到光明、美丽和快乐的生活。他们眼睛里流露出来的光彩使整个世界都溢彩流光。在这种光彩之下,寒冷会变成温暖,痛苦会变成舒适。这种性格使智慧更加熠熠生辉,使美丽更加迷人灿烂。那种生性忧郁、悲观的人,永远看不到生活中的七彩阳光,在他们眼里,创造仅仅是令人厌倦的、没有生命和没有灵魂的苍茫空白。

美国波士顿大学的心理学家肯特发现,有时人们在面对挑战

第四章 每天读点成功心理学

时,会故意抱悲观的态度,做好失败的准备,他称其为"防御性的悲观态度"。因为持有这种态度的人,预料自己会失败,所以即使真的失败了,也不会感到很沮丧。他们虽然抱着必败的心情应战,但仍努力地做好准备,要是真的成功了,便会喜出望外。肯特发现抱有这种态度的人在早期的学业成绩上,并不比乐观的同学逊色,这是因为持防御性悲观态度的人在测验考试前,战战兢兢,全神贯注地防止失败发生。

当人们遭到挫折以后,便产生一种失落、无奈、困惑之感,对自己的未来失去信心,因而处于牢骚满腹的心理状况,于是老气横秋、怨天怨地、长吁短叹。这些本是一些力不从心的老年人的"专利",现在却使血气方刚、本应开拓事业、享受生活美好时光的年轻人,也沾上了这个毛病,因此,他们会未老先衰,失去青春的活力,失去人生的乐趣。

怎样才能够使自己变成一个真正快乐的人,可真是一门高深复杂的学问。单单教你要快乐、要微笑,以及大笑是没有用的。假使你是一个很不幸的人,假使你看不见你自己的前途,你对人类的善良美好失掉信心,你觉得自己很琐碎、卑微、无聊而又堕落,你可能会笑,然而你笑出来的不是快乐,至少你的笑不能使人快乐。

任何事物都有正反两个方面,有利必定也有弊,不存在十全十美的事物。乐观的人看着杯子里的半杯水会惊喜地说:哈,还有半杯水;悲观的人则会失望地说:唉,怎么只有半杯水了。对于半杯水这样一个事实,乐观的人是快乐的。当你被别人误解时,如果你总是对自己说"真讨厌,总被人曲解、欺负,找个机会报复一下"，那么，你的心情将无一刻轻松愉快了。不如换个角度，多想着别人友善待已的时候，并常常提醒自己，误解毕竟是次要的。多想想愉快的事，你就会变得快乐了。

【心理学专家告诉你】

英国作家萨克雷说：生活是面镜子，你对它笑，它就对你笑；你对它哭，它也对你哭。人生充满了选择，而生活的态度就是一切。你用什么样的态度对待你的人生，生活就会以什么样的态度来对待你。你消极，生活便会暗淡；你积极向上，生活就会给你许多快乐。

鱼与熊掌不可兼得

哲学家布利丹讲过一个寓言：

一头饥饿的驴站在两垛干草中间。它决定去吃左边那一垛，可是感觉右边干草更好些；走到右边，又发现左边的更多些。就这样，驴在吃哪垛干草的问题上犹豫不决，最后饿死了。

一个人脑海中如果有多种动机同时出现、不同目的同时存在，必然会处于矛盾状态当中，并随之引发心理冲突，使人左右为难、陷入两难境地，这称为心理冲突。

心理冲突使人处在短暂的犹豫、迷茫状态是不足为奇的正常现象，但是如果长时间优柔寡断、举棋不定，反复进行过多复杂的思想斗争，则是意志薄弱的表现。不过，意志活动中的内心冲

第四章 每天读点成功心理学

突迟早会引向决策，即下决心作出某种选择。要从多种可供抉择的方案中作出相对正确、合理的决断，需要知识、能力与良好的方法。常见的心理冲突有四种：

接近－接近型冲突

也称双趋冲突，当两种或两种以上目标同时吸引自己却又无法兼得，只能选取其中之一。

回避－回避型冲突

当两种或两种以上目标都是自己力图回避的，却又无法兼弃，必须选取其中之一，在取舍哪一目标的问题上，就会产生回避－回避型冲突。

接近－回避型冲突

一个目标本身对自己有吸引力，但达到该目标的途径却不满意，于是在取舍该目标时，就会陷入接近－回避型冲突之中。

多重接近－回避型冲突

面对两个或两个以上目标，而每个目标又同时具有吸引力和排斥作用，这时就不能简单选择一个目标或回避另一目标，而应考虑多种目标中的正负效应。

面对接近－接近型冲突时，如两种目标的吸引力有明显差别。依据"两利相权取其重"的原则，选择一个更有吸引力的目标，就能摆脱左右为难的境遇。然而，如果两种目标的吸引力比较接近，摆脱冲突相对较为困难，这时，只能选择一个勉强可以接受的目标，或者暂时放弃两个目标而追求另一折中目标。

面对回避-回避型冲突时，只要是非原则性问题，通常依据"两弊相对取其轻"的原则，选择一个勉强可以接受的目标，尽量缓解矛盾。当然，如果是原则性问题就另当别论了。

面对接近-回避型冲突时，由于这类冲突是由同一目标兼有两种相反的性质所引起，在趋向具有吸引力目标的同时，又会产生无法回避的矛盾。对目标渴求得越强烈，对目标产生的结果也越担心。如果要尽快摆脱这类犹豫不决的冲突状态，须对目标的利弊得失进行周密思考、仔细分析，然后凭借自己的知识经验，从大局、长远出发，果断决策。

对引起多重接近-回避型冲突的多种目标，通常采用正负作用相互补偿的方法进行决策。当然，如果几种目标具有的正负作用很难判断，或判断的结果表明几种目标的正负作用十分接近，只有作较长时间的考察和充分权衡利弊之后，才能作出抉择。

一个人能否作出相对正确的决策，与分析能力密切相关。不同的人对同一事件，在相同条件下进行分析，分析的速度、分析的结果、产生的想法与结论等，都会有明显差异。个性特征也是影响决策的重要因素。面临重大问题仍能情绪稳定、平静深思的人，在理性思维的主导下，容易作出相对正确的决策。

【心理学专家告诉你】

功利得失是大多数人在选择决策时的主要依据。当然，每个

第四章 每天读点成功心理学

人对功利得失的态度不同，决策因此体现出明显的个体差异。有人对功利非常敏感，有人则相对较为迟钝。但在经济社会中，功利得失的仔细权衡，常常是多数人决策时的主要依据。

每个选择都包含着放弃

法国文豪巴尔扎克在初期创作失败后投笔从商，去当出版家。这个外行的出版家受尽欺骗，很快失败。紧接着，他又当起一家印刷厂的老板，但无论怎样拼命挣扎终是失败，从此欠下了不少债，债务越滚越大。后来警察局下通缉令拘禁他，债权人也搅得他没有一刻安宁，他只好隐姓埋名躲了起来。此时他终于醒悟，多年来自己游移不定，根本没有集中精力从事文学创作。于是他夜以继日地认真写作，成为惊人的高产作家。然而直到逝世前，他尚欠21万法郎的巨额债务，这不能不说是一位天才的悲哀。

事业的选择好像许多把椅子，而一个人只能选择其中的一把，同时舍弃其他许多椅子。人在面临选择的时候是脆弱的，但目标只能确定一个，这样才会凝聚起人生的全部合力，将其攻下。确定了目标选定了路，不管路有多崎岖，同行者怎样寥寥，你都要忍受孤独和寂寞将它走完。尤其在诱人的岔路口，你必须不改初衷，有心无旁骛的坚定信念和超然气度。

人的自我定位如此，企业的自我定位也是如此。诺基亚放弃了包括当时市场很好的电视在内的许多产品，唯独选择了当时市

177

场不怎么看好的无线通信产品。诺基亚成功了。我们有很多企业却像"万能选手"一样什么行业都想涉足，哪行赚钱就干哪行，使得一个品牌承受着太多产品的拖累。

某位研究消费者行为的心理学家曾经发现这样一个现象：有些人不喜欢版面太多的报纸，原因是他们认为每次都看不完全部版面，会觉得吃亏。于是心理学家建议报社将内容分叠，以便不同的读者各取所需。但是对于这些读者来说，他们不是不会选择，而是不会放弃。花同样的钱买报纸，当然是版数越多越好，不喜欢的部分当废纸扔了就是了。

人生中有时我们拥有的内容太多太乱，我们的心思太复杂，我们负荷太沉重，我们的烦恼太无绪，诱惑我们的事物太多，大大地妨碍我们，无形而深刻地损害我们。

在自然界中，放弃有时是生物生存的本能。欧洲金雕筑巢于高山悬崖，它以尖利的喙和强壮的爪宣布自己是天空的王者。金雕一次只能孵出两只幼雏。在食物不足的年份，小金雕就会挨饿，金雕妈妈也只能眼看着孩子饿得嗷嗷叫。这时，两只小金雕就用力互相挤靠，结果总是相对弱小的那只被挤下山崖摔死。而这时的金雕妈妈又总是容忍这种"兽行"。人是难以理解金雕的，但是面对残酷的饥饿，金雕必须如此，否则就会全部饿死。

放弃，需要智慧和远见；放弃，还意味着我们和一些我们想要的东西永远错过；放弃，有时使我们难以割舍得心疼心碎。放弃钻营权利和沽名钓誉，你将布衣终身；放弃金钱职位，你再没有了特殊和享乐的机会；放弃社交和朋友，你要承受孤独和寂寞；放弃失败的恋爱婚姻，你要独自飘零单飞。

第四章　每天读点成功心理学

放弃,尤其需要你调动自己的智慧和勇气,进行周密无悔的判断,下定一往无前的决心,然后破釜沉舟,果敢行事。放弃,需要背水一战的勇气和魄力。放弃是痛苦的、是疼痛的、是难舍的、是悲凉的,需要心灵太多的挣扎、犹豫和勇气,放弃意味着永远的丧失和缺憾,甚至有时需要我们重整旗鼓,从头来过。

【心理学专家告诉你】

我们的人生要有所获得,就不能让诱惑自己的东西太多,心灵里累积的烦恼太乱,努力的方向过于分散。我们要简化自己的人生。我们要经常地有所放弃,要学习经常否定自己,把自己生活中和内心里的一些东西断然放弃掉。

不要做工作的奴隶

有个富翁去海边度假,看见一个渔民正在海滩上晒太阳。于是富翁就对渔夫说:"你为什么不去努力工作?"

渔夫问:"为什么要去努力工作?"

富翁说:"那可以使你赚很多钱,然后你就可以和我一样,悠闲地在海边晒太阳了。"

渔夫反问道:"那你认为我现在正在干什么?"

现实生活中有许许多多的人被工作所奴役着。他们经常抱怨工作乏味,或抱怨工作过于紧张。对他们来说工作是被迫的,很少将工作看作是一种乐趣，看作生活的意义。

在很多人看来，只要他们得到财富、权势、名誉、利益之后，快乐也就会自然而然地随之而来，于是终日发疯般地工作，以取得财、权、名、利，但是等到他们耗尽毕生精力之后才恍然大悟，快乐非但没有来，反而换来了诸多的痛苦。其实，快乐只是一种生活的态度，一种内心的感觉，快乐原本很简单，并不需要费太大的精力甚至将自己沦为工作的奴隶去获得。

有的人认为这种工作状态与社会的富裕程度有很大的关系，要是有一天，科技发展到许多事情都可以让机器人来完成，它们每天能为我们生产足够用的东西，那么，工作自然无法奴役我们了。这种说法似是而非。实际上，我们比我们祖先的科技要发达得多，工作时间也要多得多。那么，我们怎么能期待我们的后代可以凭借科技发展来摆脱工作的奴役呢？

实际上，成为工作的主人或者是奴隶，与我们的工作目的有关。不管是为了老板还是为了金钱而工作，我们都会成为工作的奴隶。为了老板而工作，老板是否在场会影响我们的工作；为了金钱而工作，钱多钱少会影响我们的工作。只有将工作视为人生的价值、人生的欢乐时，我们才有可能成为工作的主人。

工作不只是为了一份薪水，为了养活自己和家人，它除了满足物质上的需要之外，也可以得到精神上的充实。首先要端正心态：工作不是你的敌人。如果你觉得日复一日的工作枯燥无趣，每天需要完成的任务是心理的重负，面对形形色色的人时非常烦闷，而面对一个又一个的问题，你又越来越丧失信心和勇气，这样的话，你就是把工作看成了自己的敌人。

其次，要学会工作。要强调指出的是，找到解决工作问题的方法，把工作中的关键环节找到，不断地把大的、庞杂的甚至复杂的工作分解成一个个目标明确、环环相扣的具体工作环节，做到战略上轻视它，战术上重视它，这样就将工作的被动状态转换成了主动状态。也只有这样，你才能体验和享受到"主人翁"式的工作感是一种什么样的境界。

【心理学专家告诉你】

工作过程中定会遇到不如意的事情，所以要学会从积极的一面看待问题。这样就可以消除工作中的不快乐，让自己在工作的长进过程中享受快乐。

争取每一个机会

有一家公司，每当有新员工加入的时候，经理都会叮嘱他们："不要走进8楼那个没挂门牌的房间。"虽然经理从来不解释为什么，但是员工都牢牢记住了这个规矩。

直到有一天，有个销售部聘用的年轻人小声嘀咕了一句："为什么？"

总经理满脸严肃地答道："不为什么。"

回到办公室，年轻人还在不解地思考着经理的叮嘱，其他人便劝他干好自己的工作，别瞎操心。但年轻人却偏要走进那个房间看看。他轻轻地叩门，没有反应，再轻轻一推，虚掩的门开了，只见里面放着一个纸牌，上面用红笔写着：把纸牌交给经理。

　　这时，得知年轻人闯入那个房间的同事开始为他担忧，劝他赶紧把纸牌放回去，大家替他保密。但年轻人却直奔经理办公室。当他将那个纸牌交到经理手中时，经理宣布了一项出人意料的决定："从现在起，你被任命为销售部主任。"

　　"就因为我把这个纸牌拿来了？"

　　"没错，我已经等了快半年了。"

　　能够得到迅速提升的职员都有着共同的心态特点，也是管理者会重点考核的素质。首先是吃苦耐劳，许多职场新人都有小事不想做、大事做不了的缺点，只有不怕吃苦才能得到认可。企业是个非常重视团体合作的组织，十分强调协调性。轻松愉快地与他人交谈，和谐地与人相处，往往是你广结良缘，或成为团体领导者的先决条件。好恶分明，不优柔寡断，能坚持真理，不在乎周围人的看法，大胆地表达自己见解的人是很受欢迎的，相反，那些言听计从、毫无主见、缺乏创造力的人只能停留在普通的岗位上。既能服从指挥，又能承认错误，这样的人才有责任感，才会被提升到更高的职位上去。

　　也有一些做法会严重影响别人对你的观感，使你得不到重用和提拔。最严重的是不能充分展示自己的业绩。在你用心时，虽然你的工作是一流的，而你的处事态度却始终像伴娘一样，不想喧宾夺主，也不想出人头地，这无疑阻碍了你的升迁与晋级。其次是能够认真工作，但是对所做工作缺乏热情；一边在完成任务，一边对工作环境牢骚满腹，让人觉得你是个干扰别人工作的人。工作表现很不错，但是自信过了头，总是看不起同事，以敌视的

第四章　每天读点成功心理学

态度与人相处，与每个人都有过意见或冲突，只能让别人对你"恨而远之"。

不过，升迁有时候并不是一件好事。管理学上有个著名的"彼得原理"：人们在某一个岗位取得一定成就以后，就会趋向于被晋升到更高一级的岗位，一直晋升到自己不能胜任的岗位为止，这样，就可能导致组织里面的所有岗位都会被不胜任其职的人所占据。这样一来，不仅会降低整个组织的效率，也会使得来到更高岗位的人因为无法胜任工作而产生心理障碍。同时，职务晋升过快、职务超过了本人的实际工作能力与知识水平，会成为超过个人身心承受度的刺激压力，让人焦虑和紧张，让人的身心超负荷地运转。

人的职业生涯发展如同人的身心发展一样，随着年龄、教育、资历等因素的变化，是一个连续的、长期的进展过程。找准自己的价值和坐标是最重要的，否则与不合适的职位会产生错位，影响自我价值的实现。

【心理学专家告诉你】

升迁是对于工作最好的奖励之一。升迁意味着对你工作成绩和能力的肯定，意味着权力和待遇的提高，当然也意味着更大的责任和更高的要求。在一个充满竞争的环境中，指望着依靠熬年资的方式升迁是不可能的。每一次升迁，都意味着你已经站在正确的位置，做出了正确的选择。

工作中要有效率观念

石匠是怎么敲开一块大石头的呢？他所拥有的工具只不过是一把小铁锤和一支小凿子，可是大石头却坚硬得很。当他举起锤子重重地敲第一下时，并没有敲下一块碎片，甚至连一丝凿痕都没有。可是他并不在意，继续举起锤子一下又一下地敲，100下、200下，大石头上依然没出现任何裂痕。

石匠还是没有懈怠，继续举起锤子重重地敲下去。路过的人看他如此卖力而不见成效，却继续硬干，不免窃窃私语，甚至有些人还笑他傻。可是石匠并未理会，他知道虽然所做的还没看到成效，不过那并非表示没有进展。他又继续敲下去，不知敲了多少下，终于看到了成效，整块大石头裂成了两半。难道说是他最后那一击，才使得这块石头裂开的吗？

这个故事告诉我们的道理就是：坚持不懈地做事情，就像石匠的那把小铁锤，敲碎一切横在我们路途上的巨大石块，我们就一定会成功。

大多数人会有这样一种不良的工作习惯，即实施一个项目，干了一段时间，就会半途搁置，又重新开始另一件事。这样做的主要原因是因为他在遇到障碍或问题之前努力工作，一旦遇到障碍或问题，不是想办法冲破障碍或者解决问题，而是用逃避的方式去做另一件事。他们只喜欢做简单和熟悉的事情，因为他们害怕失败。然而，他们最终还是要回到这些项目上，原先所谓的困扰和问题仍然需要解决。

第四章　每天读点成功心理学

时断时续是造成工作效率低下的最主要原因。这种不良的工作方式不但会消耗掉大量时间，而且重新工作时，还需要花时间调整大脑及注意力，以便在曾经停止的地方继续做下去。立刻就能找出中断的地方，马上接上原来的思路的人是不多的。所以我们必须找出方法克服工作中时断时续的低效率现象。

如果你手头的工作需要高度集中精神，你就要学会在长达4～6小时的大段时间内工作，这时你最需要的是避免干扰。当你采取一些措施之后，仍然感觉无论怎么样周围都存在着一些干扰，那么你最好在公司以外的地方另找一个工作场所。因为这样才可以避免别人打断你的工作，而不必把时间耗费在重新集中精神上。

心理学家研究发现，清晨时分人的注意力最容易集中，工作时较少受干扰，而且效率是一天当中最高的。如果你能安排自己在清晨工作，你会发现你那一天干劲特别足，能用于工作的时间好像也延长了。

工作最紧张的时候，最让人心烦的莫过于那些来自各个方面的干扰了。如果你对自己的办公室设计有发言权，你最好把它设计成允许来访者进入时他们才能进入的格局。

【心理学专家告诉你】

防止工作时断时续的最佳方法是在你自己和经常打断你工作的人之间安置一个人，这个人会控制别人在什么时候来找你，解决那些"干扰源"。

大不了从头再来

史蒂夫·乔布斯20岁时就和伙伴办起了苹果公司，10年后发展成为一个市值20亿美元、拥有4000多名员工的大企业。但是这时，他与公司的总经理对公司前景的看法开始出现分歧，结果董事们全都站在总经理一边，把乔布斯"踢"出了苹果公司。

经过几个月痛苦的折磨，乔布斯决定从头开始。他开办了一家名叫NeXT的公司和一家叫Pixar的公司。Pixar公司推出了世界上第一部用电脑制作的动画片《玩具总动员》，成为全球最成功的动画制作室。后来苹果公司买下了NeXT，乔布斯又回到了苹果公司重掌大权。

拥有一份满意的工作，是幸福生活的基本保证。工作是必需的，对某些人来说，即使只能暂时拥有一份不甚满意的工作，也是一种幸事。工作不仅仅是为了挣钱，养家糊口，更是个人价值的体现。工作能够使人达到自我实现。如果失去了工作，面临的不仅是经济危机，更重要的是心理上的失衡，个人价值观的丧失和自尊心的损伤。这些都会使人产生比经济危机还严重的精神压力。因此，工作与人们的心理健康密切相关。

失业者心理上容易出现挥之不去的对家庭的内疚感和负罪感，对以后的生活失去信心，一蹶不振，不愿再去寻找新的工作。部分失业者认为自己失业的原因是自己的无能，因此整天陷入了抑郁和苦闷之中不能自拔，产生强烈的自卑心理，认为自己处处不如人，以至于不愿与人交往，借打牌、吸烟、喝酒等不良嗜好打发时间，不愿面对未来。也有的失业者把自己失业的原因都归

第四章　每天读点成功心理学

结于社会和他人，对所有的人都产生了不满的情绪。失业者在感到怨恨、苦闷之余，更多的是感到焦虑不安，为家庭的生活担心，为自己和家人的前途担心，久而久之，变得脾气暴躁。

失业和就业一样，都可以看作是暂时的状态，失业者首先要战胜自卑，相信自己的智力和才能。

心理健全的人应该能够客观公正地评价自己，期望值不可以高不可攀，也不能太低。他们能正视自己的优缺点，也能正视眼前的现实。但重要的是能想到，每一个人都会面临失业的危险，其他人能够坦然面对，为什么只有自己给自己戴上精神枷锁而不能解脱？虽然失去了原来的工作，但是不等于不能选择新的岗位。有了这种积极的心态，就能把注意力引导到通过自己的努力实现再就业这方面来，从而挖掘出很多以前自己也没有认识到的潜力，找到一条成功的再就业之路。

【心理学专家告诉你】

莎士比亚说："聪明人永远不会坐在那里为他们的损失而哀叹。"失业永远不会压垮人，只会使人变得更坚强。因此无论是从零开始的创业者，还是重新找到工作的再就业者，都要十分珍惜来之不易的工作机会，对工作尽职尽责，做出自己最大的努力，从而找回自尊，实现自我价值。

第五章
每天读点情绪心理学

什么是情绪

清朝小说家吴敬梓在《儒林外史》中写了范进中举的故事——

在乡试出榜那天,范进家里已经断炊,他只好抱着家里唯一一只老母鸡到集市上去卖。报录人来时,还是邻居将他从集市上拖了回来。

范进进了屋以后,看见报贴上写着:"捷报贵府老爷范进高中广东乡试第七名亚元,京报连登黄甲。"范进看了一遍又一遍,自己抱两手拍了一下,说:"好了,我中了!"说着往后一跤跌倒,牙关紧咬,不省人事……醒来后,走出大门不多远,一脚踏在塘里,挣扎起来,头发都散了,两手黄泥,浑身都是水,拍着笑着,走到集市上去了。原来他是欢喜疯了!

好好的一个人转眼间变得疯疯癫癫,这就是情绪的威力。

情绪是一种心理状态。它本身具有许多特点,而且产生的原因也很复杂。字典的解释是:心灵感觉或感情的激动或骚动,泛指任何激动或兴奋的心理状态。心理学中通常指的是:感觉及其特有的思想,生理与心理的状态及相关的行为倾向。一般来说,

第五章　每天读点情绪心理学

情绪是人们对客观事物的态度体验，也是心理学的核心部分。所以情绪定义为：情绪是客观事物是否符合人的需要而产生的体验。情绪是具有鲜明两极性的，而在这样明显对立的情绪活动中，良好的情绪可以催人上进，有益于身心健康；而消极的情绪则会使人们心理失衡，失去动力。

在大约距今2000多年的周朝，中国有一部古书叫《礼记》，在这本书里，我们的祖先把人的情绪分为七大类，称为"七情"，它们分别是喜、怒、哀、惧、爱、恶、欲。这七个字，基本上概括了情绪的基本形式。近代以来的心理学家常把快乐、愤怒、悲哀、恐惧列为情绪的四种基本形式。

情绪是人类天性的重要部分，没有情绪，也许我们都会成为精神病患者。如果我们对情绪没有足够的认识，就会犯很多情绪错误；而如果你了解情绪，知道如何管理自己的情绪，那么我们的个人力量就会增强很多。人们为高兴而开怀，为悲伤而难过，这就是情绪。这些给人们带来许多感受：它使人们精神焕发，也使人们萎靡不振；它让人们时而冷静，时而冲动；它让人们理智地去思考，也让人们失去控制地暴跳如雷；它让人们有时觉得生活充满了甜蜜和幸福；而有时又感觉生活是那么无味而沉闷、抑郁而痛苦。它存在于每个人心中，而且在不同时期、不同场合产生着奇妙的效果。

心理学家在系统考察了动物界的各个等级的动物之后，认为在低级动物种系中，几乎无情绪可言，只有一些具有适应价值的行为反应模式，例如搏斗、逃跑、喂哺和求偶等行为。这些适应行为产生各自的特定的生理唤醒。当动物的神经系统发展到皮质阶段时，生理唤醒在脑中产生相应的感觉状态并留下痕迹，这就是最原始的情绪。因此，我们说，情绪是进化的产物。

当特定的行为模式、生理唤醒和相应的感受状态这三个成分出现后，就具备了情绪的适应性，其作用在于发动机体能量使机体处于适宜的活动状态，将相应的感受通过行为表现出来，以达到共鸣或求得援助。所以，情绪自产生之日起便成为适应生存的心理工具。

人类继承和发展了动物情绪这一高级适应手段。因此，情绪的适应功能从根本上说，是服务于改善和完善人的生存和生活条件的。

【心理学专家告诉你】

情绪既服务于人类基本的生存适应需要，又服务于人类社会群体生活的需要，它时时处处与我们每个人相伴。愿每个人都珍视它，并善于利用和调节它，让它成为你的得力助手，这样它将成为推动你而不是阻拦你的第一心理力量。

认识自己的情绪

日本有一则非常古老的传说，一个好勇斗狠的武士向一个老禅师询问天堂与地狱的意义，老禅师轻蔑地说："你不过是个粗鄙的人，我没有时间跟你这种人论道。"

武士恼羞成怒，拔剑大吼："老汉休得无礼，看我一剑杀死你。"

第五章　每天读点情绪心理学

禅师缓缓道："这就是地狱。"

武士恍然大悟，心平气和纳剑入鞘，鞠躬感谢禅师的指点。

禅师道："这就是天堂。"

武士的顿悟说明了人在情绪激昂时往往并不自知。

弗洛伊德认为大多数人的情绪活动都是无意识的，不是所有感觉都会浮到意识层。这个观点已得到实验证实。人们常在尚未知觉有某种感受的时候，已经出现这种感受的生理反应。比如：当怕蛇的人看到蛇的图片时，皮肤的感受器就会察觉出汗水冒出，这就是焦虑的征兆，但这个人并不感觉到害怕。这种意识的情绪刺激持续增强，最后必然要突破到意识层。这种意识层之下的情绪严重影响到我们的看法与反应，尽管我们对此茫然不知。譬如，你早上碰到一个很没礼貌的人，之后好几个小时都因此烦躁不安，疑神疑鬼，乱发脾气。但你对这种意识底层的情绪鼓噪一无所知，别人提醒你时还颇为惊讶。一旦这种反应浮到意识层中，便可重新进行评估，决定是否要抛开早上的阴影，换上轻快的心情。

对自己不恰当的分析、对自己的整个心理产生的错觉会引起心理和行为上的一系列的变异：或自高自大，目空一切；或自暴自弃，妄自菲薄。这对一个人的生存与发展极为不利，对他的学习、工作和生活也有很大的妨碍。一个人如果自高自大，就会使自己的发展停滞不前，甚至后退；自暴自弃则永远失败。心理学家的研究表明，如果因为错误地评价自己而使自己的潜能得不到充分发挥，埋没了自己，那么就会处于自卑感和失败感控制之下，长此以往，就会变得胆小、退缩，形成消极的情绪和性格，最终导致心理疾病。所以，一个具有健康情绪的人，必须学会正确认识自己。

当我们受到情绪干扰的时候，我们的身体也会在潜移默化中发生变化。人会感觉到随着情绪而来的身体感觉，但那并不是情绪本身。这在心理学上称为躯体化。人或许会感觉到心跳加速，却不知道自己在害怕。他可能会感觉到身体发热、发冷、胃绞痛、耳鸣、刺痛甚至剧痛。他可能会有源自情绪的"知觉"，却对情绪本身一无所知。如果你询问某人，他知道身体有某种知觉，即使他不晓得那和他的情绪有关。例如，在你忍受了太太对你的种种抱怨之后，你的情绪在激动过后已恢复平静，但是你也许仍然会说："我额头上似乎有一条紧箍带。"而且你会说："我有种奇怪的感觉，好像我快要头痛了，我对迈进家门似乎有种恐惧……"那么的确，情绪在你没有察觉的时候，已经悄悄袭击了你的身体。

人在缺乏情绪管理能力的状态中，常依靠吃药解决源自情绪的身体感觉。虽然这些药物可能有不良的副作用，但是能帮人暂时解决情绪上的冲突。药物能消除头痛、胃痛以及身体的其他知觉，令他们不会去想有待他们关注的情绪问题。而冲突仍在，情绪问题仍未解决。药物或许能暂时消除或改善不愉快的知觉，却使得身体的化学状态失去平衡，而导致短期或长期性的伤害。

【心理学专家告诉你】

"弱者任情绪控制行为，强者让行为控制情绪"，每个人的

第五章　每天读点情绪心理学

情绪都在循环反复的变化之中，关键在于我们要学会调控好自己的情绪"转换器"，做情绪的主人。

成功者善于控制情绪

　　三国时，魏国的皇位传给了曹操的曾孙曹芳，由曹爽和司马懿共同辅佐他。曹爽独断专行，司马懿失去了实权。这时候司马懿意识到了危险，便称病在家，什么事也不干了。曹爽听说司马懿病重，自然高兴，但也不无怀疑，便派了一个叫李胜的人去察看。李胜来到司马懿家里，只见一个婢女正在给司马懿喂粥，司马懿的胡子、衣襟上洒满了粥。看见李胜，他装聋作哑，唠唠叨叨地说了一通废话。

　　李胜果然被骗住了，回去告诉曹爽，说司马懿那老头子只剩一口气了。曹爽放下了一块心病，更加独断专行。但司马懿的夺权计划却在秘密进行。魏嘉平元年，司马懿集结几千名精兵，迅速占领了都城，假借皇太后命令，罢免了曹爽的兵权。曹爽交出兵权后被软禁起来，不久又以谋反罪被诛杀。至此，曹魏政权落在司马懿的手里。

　　古今中外成大事者，无一不是善于控制自身情绪的人。司马懿想夺取天下，但他绝不贸然行事，而是装病"示弱"，以保护自己。而曹爽不善于克制，导致了最后的失败。

　　谁都会有恐惧、害怕的时候，我们并非草木。那些成功人士也会对自己的事业有种种担忧，但他们善于将这些情绪有效地加以利用，使它们有节制地发挥作用。控制自己其实就是控制自己的情绪。成功人士都具有自控的特征。它不是一件非常容易的事情，因为我们每个人心中永远存在着理智与感情的斗争。自我控制、自我约束也就是要求一个人按理智判断行事，克服追求一时情绪满足的本能愿望。一个真正具有自我约束的人，即使在情绪非常激动时，也能够做到这一点。

自由并非来自"做自己高兴做的事"，或者采取一种不顾一切的态度。自己要战胜自己的情绪，证明自己有控制自己命运的能力，就必须学会自控。如果任凭情绪支配自己的行动，那便使自己成了情绪的奴隶。一个人，没有比被自己的情绪所奴役更不自由的了。

我们每个人都在通过努力做使自己生活更有意义的事，并且在向着未来的目标奋进。但是，生活在现实的世界中，我们绝不应该采取仅使今天感到愉快的态度而丝毫不顾及明天可能发生的后果。我们的情绪大都容易倾向于获得暂时的满足，所以我们要善于做好自我约束。但是须注意的是，那些提供大量暂时的满足的事，通常就是对我们长期的健康、快乐和成功最有害的事情。因此，在追求一种有意义的生活时，我们应当努力预测自己所从事的事情对将来可能产生的后果。

不可否认，人是有欲望和需求的，如果对欲望和需求不加以约束和克制，欲望就会自我膨胀。权欲、名利欲、占有欲、贪欲，所有这些都是人生活在社会中，受到社会环境的影响产生的，也最能对人的情绪产生影响。道家所提倡的"清心寡欲"是对待欲

第五章　每天读点情绪心理学

望的一种方式，而还有一种方式，就是不加克制地任由欲望膨胀，其结果当然只会增加伤害。

除了欲望，人还有惰性心理以及消极心态，这些都将影响到人的情绪。但成功者无不懂得自律。自律是修身立志成大事者必须具备的能力和条件。

从本质上讲，自律就是你被迫行动前，有勇气自动去做你必须做的事情。自律往往和你不愿做或懒于去做，但却不得不做的事情相联系。

【心理学专家告诉你】

感情冲动地行事，是一种失去控制的危险生活。要具备自我约束的能力，就必须不断地分析自己的行动可能带来的长期的最大利益和后果，不可盲目行动，必须抑制感情的冲动。成功者总是约束自己，去做正确的事情；而不成功的人则总是让自己的感情占上风。

妥善管理情绪

在20世纪60年代早期的美国，有个人准备竞选美国中西部某州的议会议员。此人资历很深，又精明能干、博学多识，看起来很有希望赢得选举的胜利。但是，在选举的中期，有一个很小的谣言逐渐散布开来：三四年前，在该州首府举行的一次教育大会中，他与一位年轻女教师"有那么一点暧昧的行为"。

每天读点心理学

　　这实在是一个弥天大谎，这位候选人对此感到非常愤怒，并尽力想要为自己辩解。由于按捺不住对这一恶毒谣言的怒火，在以后的每一次集会中，他都要站起来极力澄清事实，证明自己的清白。其实，大部分的选民根本没有听到过这件事，但是，现在人们却愈来愈相信有那么一回事。公众们振振有词地反问：如果你真是无辜的，为什么要百般为自己狡辩呢？如此火上加油，这位候选人的情绪变得更坏，也更加气急败坏、声嘶力竭地在各种场合为自己洗刷，谴责谣言的传播。然而，这却更使人们对谣言信以为真。最悲哀的是，连他的太太也开始转而相信谣言，夫妻之间的亲密关系被破坏殆尽。最后他失败了，从此一蹶不振。

　　人们在生活中有时会遇到恶意的指控、陷害，经常会遇到种种不如意。有的人会因此大动肝火，结果把事情搞得越来越糟。而有的人则能很好地控制住自己的情绪，泰然自若地面对各种刁难和不如意，在生活中立于不败之地。1980年美国总统大选期间，里根在一次关键的电视辩论中，面对竞选对手卡特对他在当演员时期的生活作风问题发起的蓄意攻击，丝毫没有愤怒地表示，只是微微一笑，诙谐地调侃说："你又来这一套了。"一时间引得听众哈哈大笑，反而把卡特推入尴尬的境地，从而为自己赢得了更多选民的信赖和支持，并最终获得了大选的胜利。

　　自柏拉图以来，自制力一直被视为一种美德，亦即要抵挡因命运的冲击而产生的情感波涛，不可沦为激情的奴隶。

　　在被情绪纷扰，难以决定重大事情的时候你应该立即终止这种状态，应当以相反的思维或心情来整治它。比如想象你已经心

第五章　每天读点情绪心理学

平气和、镇定自若。务必控制住自己，使自己的心态平和，然后你才能头脑冷静，明智地把事情办好。但是，在心乱如麻、忧虑、焦躁不安时，绝不要从事重要的工作。绝大多数人往往是他们自己最顽固的敌人。那些有害的不良想法和不好的情绪无时无刻不在"破坏"他们的快乐生活。所有事情都取决于我们的勇气，取决于我们对自己的信心，取决于我们是否有一个乐观和满怀憧憬的信念。然而，每当遇有不顺心之事时，每当我们情绪低落或经历不愉快之事时，每当我们遇到损失或不幸时，我们总是让这些令人泄气的想法和怀疑、忧虑、沮丧情绪，像瓷器店里的公牛一样，腐蚀我们的头脑，使我们也许经过多年的努力才获得的工作成果毁于一旦，我们只得重新开始。而早知如此，我们当初又何必给这些坏情绪得以滋生蔓延的机会呢？

人并不是天生注定要成为情绪的奴隶或者说是喜怒无常的心情的牺牲品，在关于人是否能履行他作为人的义务或是否能执行他的人生计划这样的问题上，也并非必须要求教于他的情绪。

为了事业的成功、人生的幸福与快乐，你要学会专注于真、善、美的事物而非假、恶、丑的事物，专注于和谐而非混乱不堪的事物，其他一概不去考虑。这真是一件了不起的事情，要做到这些，并不总是一件容易的事，但对每个人来说，则是可以做到的事。它只需一点转换思维的艺术，这种思维能使人形成正确思维的习惯。

【心理学专家告诉你】

缺乏自我控制能力的人想必已经明白，你是生活在现实社会中。为了更好地适应社会、取得成功，你有必要控制自己的情绪，理智地、客观地处理问题。如果你把自己的许多能量消耗在抑制自己的情感上，就没有足够的能量对外界作出强有力的反应。

及时宣泄坏情绪

一天，陆军部长斯坦顿来到亚伯拉罕·林肯的办公室，气呼呼地对他说，一名少将用侮辱的话指责他偏袒一些人。林肯建议斯坦顿写一封内容尖刻的信回敬那家伙。"可以狠狠地骂他一顿。"林肯说。

斯坦顿立刻写了一封措辞强烈的信，然后拿给总统看。"对了，对了。"林肯高声叫好，"要的就是这个！好好训他一顿，真写绝了，斯坦顿。"

但是当斯坦顿把信叠好装进信封里时，林肯却叫住他，问道："你要干什么？"

"寄出去呀。"斯坦顿有些摸不着头脑了。

"不要胡闹！"林肯大声说，"这封信不能发，快把它扔到炉子里去。凡是生气时写的信，我都是这么处理的。这封信写得好，写的时候你已经解了气，现在感觉好多了吧，那么就请你把它烧掉，再写第二封信吧。"

人总有生气的时候，这种不满情绪堆积在心中是有害的，反击回去或发泄给别人都不是上策，林肯的主意非常好。记得传说中有一个"仇恨袋"，谁越对它施力，它就胀得越大，乃至堵死

第五章　每天读点情绪心理学

我们生存的空间。由此，当我们遇到生气的事情，不必再将怒火重新点燃，实际上这于事无补。在宣泄不良情绪时，尽量不要指责别人，而用诉苦的方式，更容易博得别人的理解。或者转移到另外一件对任何人都无害的事上，比如听音乐，做运动，自言自语，写日记，找心理医生等，都是很好的宣泄方式。在人际关系中，你必须学会情绪的发泄和沟通。如果你不会倾诉，你的情绪将会很危险。与别人分享情绪也是非常美妙的，它可以改善你和对方之间的关系。

要知道，其实当你向别人倾诉你的心理状态时，结果并不会遭到他们的嘲笑与蔑视，许多人反而会想要帮助你，让你"觉得好过一点"，或是给你某些"忠告"。如果你只是想要说出自己的感受，那就直接告诉他你想要的："我真的只想要你倾听我的感受。我不是在寻找忠告或安慰，而是希望有一个说出来的机会，你可以吗？"如果对方不自觉地进入忠告或安慰者的角色，只要轻轻地提醒他："我想告诉你更多的感受。"

当你要表示自己的情绪时，首先要引起对方的注意，你可以以这样的方式开头："我能和你谈谈吗？""你知道我现在有点烦。""也许你能帮助我……""我情绪不好。"表达情绪的有效方式是负责任的沟通方式。不带有攻击、责备、嘲笑或批评对方的意思，只是分享你的情绪。你千万不要这样说："你让我非常生气！""你简直把我逼疯了！""如果不是你，我今天不会这么倒霉！"

除此之外，要倾诉你的感受，必须信任对方。一旦让你信任的人察觉了你的情绪，他也一定能够采取有效的行动来修补和改善你的情绪。你可以告诉他人是什么伤害了你,并向他们解释自己的感受,当然,问题的关键是,你不能抱定"他们将无法理解"的观念,轻视他们的作用。你可以这样想:"或许他们无法理解,或许也是我太武断了。"当然,如果别人的确正在排斥你,说明他不是一个值得信赖的人,但至少在你了解之前,不要轻易这样假设。如果向别人倾诉情绪让你不舒服,或者对方让你觉得有距离,那么你完全可以就此终止。

好的情绪会激起更好的情绪,并加强人际关系。当你集中焦点在正面的情绪时,你也正与他人建立起亲密关系,使对方对你有好感。分享你的好情绪也有助于建立对方的自尊。当你公开表达你的好情绪时,显示出你对对方的尊重和专注,会使对方觉得自己很不错。

【心理学专家告诉你】

情绪就像大水,你不让它发出去,就像是往水库里蓄水,只能是越涨越高,在心理上形成了一个强大的压力。要想它不外流,就必然要在心理上高筑堤坝,而这势必使人在心里深处与外界日益隔绝,造成精神的忧郁、孤独、苦闷和窒息。

洞察他人的情绪

春秋时,齐国有个智者叫隰斯弥。有一次,他陪同当时的大夫田成子登临高台浏览景色,东西北三面视野广阔,风光尽收眼底,

第五章　每天读点情绪心理学

只有南面有一片隰斯弥家的树林蓊蓊郁郁，挡住了他们的视线。

隰斯弥回去后，立即叫家人带上斧锯去砍树林。刚砍没几棵，又赶忙制止，家人感到奇怪。隰斯弥说："国之野唯我家一片树林突兀而立，从田成子的表情看，他是不会高兴的，如果我命人去砍，表明我能洞察他的内心，他正野心勃勃要谋取国位，这正是他所忌讳的。不砍树，表明我不知道他的心思；砍了树，表明我知人所不言，这个祸，闯得可就大了。"

隰斯弥这种"知人所不言"的能力，就是认识他人情绪的能力。我们作为人类社会的一个个体，必然要与别的个体打交道，不理解别人的人不可能被别人理解。研究表明，我们越是善于体察别人的交际信号背后的情绪，也就越能善于控制本人发出的信号。因此，认识他人的情绪就是必不可少的了。

我们不仅要学会接受自己的情绪反应，而且也要学会接受他人的情绪反应，理解他人的感受。当然接受不一定代表同意，它只表明一种理解，因为理解，而不把别人的情绪反应看作是错误和愚蠢的。我们应该知道，自己的感觉与他人的感觉常常是息息相关的。

当我们尊重自己的感觉，也尊重别人的感觉时，我们就能够学会不去做无谓的说服，我们不会刚愎自用地让人相信我们是正确的，而别人是错误的。我们也不会再去试图改变某个人，或者强迫他与我们看问题的角度一致。我们在学会尊重别人的同时，也接受和理解了他人对事情的感受。

人与人之间有着很大的不同，因此他们对同一件事情的反应也是不同的。但是，当人们与自己的朋友分享彼此的情绪的时候，奇迹就会发生。有时，你甚至发现对方与自己有类似的需求和梦想，而你过去从不知晓。当某人终于有勇气说出自己的想法时，他就为对方创造了一种安全的气氛和环境，使他们的关系更为融洽。

通常，我们试着说出彼此的想法，并且也不急于了解拒绝说出某些话的情绪基础。就这样，接受彼此的感觉，常常会使彼此的心窗进一步打开。倾听回应可以开启沟通之门，对方就会想表达更多的情绪，在这种情况下，你只要继续倾听，用你自己的话语对你听到的做出反应。

倾听别人的话时，偶然插上一两句同情的话是很好的，不完全明白时加上一句问话也是非常必要的。因为这样做正是表示对他的话留心，但不可把发言的机会抢过来，滔滔不绝地说自己的，除非对方的话已告一段落，没有人开口了，你便可以自己把话接下去，或应该让你说话的时候才可以这样做。倾听，绝不是一言不发，那样对方马上会感觉是对牛弹琴，索然无味，因此更恰当地说，你应该学会引导对方谈话，诱导他说出他想表达的一些真实的东西和看法。无论他人说什么话，最好不要随便纠正他人的错误，若因此而引起对方的反感，那么你就不是一个合格的听众。如果要提出意见和批评，要讲究时机和态度，不要太莽撞。不讲究方式和方法，无疑会将好事变成坏事。

有好的情绪管理能力的人会尽力理解自己与他人的情绪反应，敢于开诚布公地讨论它，并做出适当的处理。当我们尊重别人的情绪反应，并把它当作一种重要的信息源，面对面地、开放地提出问题，经过一番沟通和行为改变，一切都会变好的。

【心理学专家告诉你】

随着我们的情绪管理能力的提升，我们对他人的了解也就变得更加准确、可靠。我们学会信任自己的感觉和看法，对他人的态度也会更开放。这种转变是借由不断明确地感知、收集回应并修正误解产生的。

学会改善他人情绪

清末陈树屏有急智和捷才，善于用几句话解开纠纷。他在江夏任知县的时候，清朝著名大臣张之洞在湖北做督抚，张之洞与抚军谭继洵关系不太和。

一天，陈树屏在黄鹤楼宴请张、谭二人。宾客里有人谈到江面宽窄问题，谭继洵说是五里三分，张之洞却故意说是七里三分，双方争执不下，谁也不肯丢自己的面子。

陈树屏知道，他们是借题发挥，对两个人这样闹很不满，但是又怕扫了众人的兴，于是灵机一动，从容不迫地拱拱手，言词谦逊地说："江面上涨就宽到七里三分，落潮时便是五里三分。张督抚是指涨潮而言，抚军大人是指落潮而言，两位大人都没有说错，这有何可争论的呢？"

张、谭二人本来是信口胡说，由于争辩又下不来台，听了陈树屏有趣的圆场，自然无话可说。众人一齐拍掌大笑，争论不了了之。

解决冲突的方法最终要看冲突的双方是否在行为上改变，以及他们努力改善关系的程度。如果双方同意合作，并以解决冲突为方向做持续的努力，我们仍可以改善和促进对方的情绪好转，这样会创造出全然不同的和谐气氛，并开启进一步的关系，顺利化解冲突。

　　社交中需要庄重，但自始至终保持庄重气氛就会显得紧张。这时就要运用良好的情绪控制力给严肃的气氛注入一点调节剂。寓庄于谐的交谈方式比较自由，在许多场合都可以使用。用幽默、诙谐的语言同样可以表达较重要的内容。

　　生活中，有些人快人快语，有什么说什么，口无遮拦，张嘴便说，不经细细思量。假如在一个熟悉的环境里，大家彼此比较了解，知道这是你的个性，可能还算是你的可爱之处；假如在陌生之地，不熟悉你的人中，不分场合地点，不分谈话对象，一律心里想什么就说什么，就可能会造成情绪上的冲突。

　　人情练达皆文章，人与人的关系是很敏感的，你不能保证你想的都对，说的都对，况且听话人的接受能力也不同，不分青红皂白、不讲究方式方法的直言快语，往往带来不良后果，轻则使人下不了台，重则造成隔阂。

　　这时候如果你能"旁观者清"，在别人失言的时候，保持冷静，察言观色，巧妙地给他们圆场，则会有效地缓解冲突，甚至促进他人恢复良好的情绪。

　　你可以偶尔装出滑稽的样子，或搞出一副大大咧咧、衣冠不整的样子，或流露莽撞调皮、佯装醉汉、摆出一副满不在乎的神

第五章　每天读点情绪心理学

情等等。但这些都需要能屈能伸的良好情绪力。这些"缺点"平时在你身上不常见，人们突然观察到这种变化，会有一种特殊的新鲜感或是惊异感。你的这种收得拢、放得开的举止会令人忍俊不禁，使大家对你刮目相看，从而越加喜欢你，因此也就能促进你们的关系，当然他们自己的情绪就会更好了。

一本正经的人会给人古板、单调、乏味的感觉，所以除了故意搞笑以外，交谈中不时穿插一些朋友们意想不到的、貌似荒谬而实则极有意义的问题，可以很好地活跃气氛。也许会有人时常问你一些荒谬的问题，如果你直斥对方荒谬，或不屑一顾，不仅会破坏交谈气氛、人际关系，而且还会被人认为缺乏幽默感。这时最好控制住情绪，时而来点自嘲，时而以幽默的语言缓和一下气氛，这是显示你良好的情绪控制力的最佳时刻。

【心理学专家告诉你】

人们都乐于同与自己有相近之处的人交往、谈话。因为相似因素，既能有效地减少双方的恐惧和不安，解除戒备，又能发出可以共同接受的信息，能有相同、相似的理解，产生相同、相近的情绪体验，进而在感情上产生共鸣。

防止不良情绪传染

一天，张先生向经理汇报工作。经理刚刚被警察开了罚单，心里不舒服，问张先生上周那笔生意敲定没有。张先生告诉他还没有。经理吼道:"我已经付给你七年薪水了。现在我们终于有一次机会做笔大生意,你却把它弄吹了,如果你不把这笔生意争回来,我就解雇你!"

张先生回到自己的办公室,问秘书小姐:"今天早上我给你的那五封信打好了没有?"她回答说:"没有。我……"

张先生冒起火来,指责说:"不要找任何借口,我要你赶快打好这些信件。如果办不到,我就交给别人。虽然你在这干了三年,不表示你会一直被雇佣!"

秘书小姐下班回家,看到八岁的孩子正躺着看电视,短裤上破了一个大洞,她就叫起来:"我告诉你多少次,放学回家后不要去瞎闹,你就是不听。现在你给我回到房里去,今晚不许看电视了!"

这时,他的狗走到跟前,小孩一生气,狠狠地踢了狗一脚:"给我滚出去!你这臭狗!"

看,经理的消极情绪通过漫长的链条,最后传导到了秘书小姐家的狗身上。

从上面这个例子可见,不良情绪是可以传染的。现代社会,人们工作压力大、生活节奏快,心理变得十分脆弱、抑郁,并且难以找到正常宣泄不良情绪的场所,所以常常乱放"火炮"。如果任自己的不良情绪肆意扩散,轻者搞得家庭里气氛沉闷,重者可使人们周围的小环境受到污染,使身边的每个人都觉得难受。这就像一个圆圈,以最先情绪不佳者为中心,向四周荡漾开去,这就是常被人们所忽视的"情绪污染"。

不良情绪在家庭成员之间尤其容易互相传染。在一个大家庭

第五章　每天读点情绪心理学

中，主要家庭成员，如父母的情绪暗示性大，而非主要成员，如幼儿则相对小一些。假如在一天的开始，家庭某一个成员情绪很好，或者情绪很坏，其他成员就会受到感染，产生相应的情绪反应，于是就形成了愉快、轻松或者沉闷、压抑的家庭氛围。不良情绪对人的身心危害很大。因此，我们应该像重视和防治环境污染一样，重视和防治情绪污染。

有些人在外面受了气，喜欢回到家中对家人发泄。这是很不当的做法，会造成家庭情绪污染。有烦恼可以拿出来和家人一起分析、讨论，得到来自家人的宽慰和劝解，不仅能增进家人之间的感情交流，还能化解自己的不良情绪，何必非要拿家人撒气，搞得一家子不痛快呢？

情绪低落时，要有忍耐和克制力，要学会情绪转移，把注意力转移到使人高兴的事情上来，尽量把不良情绪化解掉。如搞娱乐活动、体育锻炼、加倍工作等。还可以寻找发泄渠道或找知心朋友一吐为快。不要将情绪带到公共场所，那样害人又害己。总之，我们每个人都应该努力及时消除自己的不良情绪，防止情绪污染。最好天天面带微笑，像阳光一样给周围的人带来快乐。

人的心境是很容易扩散和蔓延到周围的人和事上的，有时甚至是无意识的，自己也很难控制。但是无论如何，拿别人撒气是不对的，对别人是不公平的。我们肯定不希望别人把我们当出气筒，那么己所不欲，勿施于人，我们也该克制自己的情绪，不要向别人乱撒气才好。

那么遇到不良情绪该怎么办呢？没有别的办法，只能自己想办法消化。我们应该学会调整情绪的方法，及时扭转不良情绪，避免它的蔓延。

【心理学专家告诉你】

我们要懂得原谅别人。当别人对我们不友好时，不一定是真的对我们有什么恶意，也许他遇上了什么不顺心的事，一时转不过弯来，不知不觉就把气撒到了我们身上。对这样的人，我们也不必过于计较，要尽量宽容为怀。

及时修补情绪损伤

著名记者艾德加·斯诺在《西行漫记》中讲过这样一件事：斯诺初到陕北解放区时，由领导上安排两个小兵照料他的生活。开始，他们之间的关系总是不太融洽。一次，斯诺对一个小兵说："喂，给我拿点冷水来。"小兵绷着脸不理睬他。他又去招呼另一名小兵，结果也是一样。这时在场的李克农同志对斯诺说："你可以叫他'小鬼'，或者叫'同志'，可是你不能叫他'喂'，因为这里大家都是同志。"斯诺听了恍然大悟，感到自己一时失礼（实际上他还不太懂得中国的语言习惯），立即向两个小兵道歉，从此以礼相待，他们之间就相处得很好了。

在生活中，如果我们对自己所犯下的过错不加重视，那么日积月累，就会对我们的人际关系造成腐蚀。经过数年所积累的情绪损伤，许多因情绪冲动而导致的岌岌可危的人际关系，会使情形发生确实且长久的变化，对此我们必须负起责任。我们必须愿

第五章　每天读点情绪心理学

意努力表明和承认所犯的错误、过失，否则人与人之间的情绪损伤将无法修补。

问题是很少有人在情绪上具有能够诚恳地道歉而不为自己辩护的技巧。简而言之，大部分人都不知道如何说对不起。

一般人一想到要对人恳切地道歉，就会心存恐惧。怕没面子、让步、忍受屈辱。我们都认为让步是软弱、羞辱的事。然而在情绪上成熟的人会勇敢地承认错误，并且为其过错所造成的伤害而道歉。

我们会不可避免地犯情绪上的错误而伤害到他人。但我们必须学会承认自己错了，然后去加以弥补。如果我们的行为伤害到他人，你可能羞于或不愿做出补偿，但是如果我们不弥补，我们的错误就会不断损害我们与他人的关系。

道歉有时可能是表面的、无意义的。你只是会说"噢，对不起"或"真的，我很抱歉"之类。这些并不够，除非道歉的背后有真正的悔意。道歉必须是发自内心的，而且必须是针对某个特定行为，否则就是无意义的，终归徒然。言词无法改变事实或安抚受到委屈的一方，而且你究竟有无悔意，别人一听就明白。

言之有礼，是社交成功的一个重要条件。诗人讲礼貌，可以概括为六个字：文雅、和气、谦逊。

文雅，是指要学会日常生活中的见面语、感谢语、告别语、招呼语，等等，诸如"您好、谢谢、再见、请多包涵、真对不起"之类的语言。文雅，表现在行动中就是礼让。高桥敷在《丑陋的日本人》一书中，对在日本和阿根廷举行的万国博览会作了对比。在日本，"清晨，突然地面微微震动，数以万计的人'哇哇'地吼叫着，争先恐后地向会馆狂奔而来……跑在前面的总是身强体壮的年轻人，他们粗暴地把老人和妇女推到一边。"而在阿根廷，"当门打开以后，没有一个人不顾体面、不顾公共秩序地趁机横冲直撞。而且，男人决不会走在女人的前面，年轻人决不会走在老年人的前面。如果残疾人乘坐轮椅车进场，其他人就都会随着他的速度往前走。"这里，丑陋与美好形成了多么鲜明的对比！日本人的这些丑陋，在我们日常生活中不也似曾相识么？

和气，就是要心平气和地同别人说话。要以理服人，不强词夺理，不恶语伤人。社交场合语言和气可以调整人际关系，增进相互了解。

谦逊，就是要多用讨论、商量的口吻说话，不盛气凌人。我国封建时代的帝王"称孤道寡"，不管他真实的用意如何，但形式上至少是一种谦词。现在情况不同了，但"己称谦，他称恭"这一条还是重要的。

【心理学专家告诉你】

礼貌，从实质上说，既是对他人的尊重，也是对自己的尊重。以粗野的态度待人，不把人当人，也就是把自己置于非人的地位。

心胸狭窄难成大事

有人夜里做了个梦，在梦中，他看到一位头戴白帽、脚穿白鞋、腰佩黑剑的壮士，向他大声斥责，并向他的脸上吐口水……于是

第五章　每天读点情绪心理学

从梦中惊醒过来。

次日，他闷闷不乐地对朋友说："我自小到大从未受过别人的侮辱，但昨夜梦里却被人辱骂并吐了口水，我心有不甘，一定要找出这个人来，否则我将一死了之。"

于是，他每天一早起来，便站在人潮往来熙攘的十字路口，寻找梦中的敌人。几星期过去了，他仍然找不到梦中那个人。结果，他竟自杀而死。

其实，人常常假想一些敌人——心胸狭隘者更是如此，然后在内心累积许多仇恨，使自己体内产生许多毒素，结果把自己活活毒死。

狭隘的人，其心胸、气量、见识等都局限在一个狭小范围内，不宽广、不宏大。善于宽容人，这是人的一种美德。对任何事都斤斤计较，他一定是一个狭隘的人。受情绪、认识等的影响，他们会产生一些盲目的行为，甚至会导致难以预料的后果。因此，善于宽容的人，可以避免很多不良后果的发生。

一个人活在世上，就要充分地挖掘生命的潜能，为社会作贡献，给别人、给后人留下点有价值的东西。一旦把眼光放在大事上，自己一时的得与失就算不上什么，对整体、全局有利的人与事就都能容纳与接受，就能使眼光从狭隘的个人圈子里放出去。抛开"自我中心"，就不会遇事斤斤计较，"心底无私"才能"天地宽"。

"世界上最宽阔的是海洋，比海洋更宽阔的是天空，比天空更宽阔的是人的心灵。"雨果的呐喊具有穿越时空的力量。的确，这句箴言之所以亘古未衰，自有它的迷人之处。心灵本该是最宽阔的地方，而现实中却常有人用狭隘来刻画心理。狭隘作为一种情感体验，是对生命的不完善的震怒，是对生活不满的消极反抗。心胸狭隘的人常妄自尊大或充满抱怨，这种心态极大地限制了人的发展，在人生路上设置了障碍。

人的气量与人的知识修养有密切的关系。一个人知识多了，立足点就会提高，视野也会相应开阔，此时，就会对一些"身外之物"拎得起、放得下、丢得开，就会"大肚能容，容天下能容之物"。当然，满腹经纶、气量狭隘的人也有的是，但这并不意味着知识有害于修养，而只能说明我们应当言行一致。培根说："读书使人明智。"经常读一些心理健康方面的书籍，对于开阔自己的胸怀，收益当不在小。

你一定要不断提醒自己，在生活中不要期望过高，可以来点阿Q精神降低你的期望。如果你坚持抱着一成不变的期望，不愿做任何改变，以缩减期望和现实之间的差距，那么你就会很快被激怒，让事情变得更糟。根据莫菲定律："只要事情有可能出错，就一定会出错。"这正好说明了降低期望、明智看待事情的想法，也说明了该如何调整期望才不会留下满屋子的失望和挫折感。

人们在学习工作之余，在庭院花卉、草坪旁休息，在绿树成阴的大道上散步，在风景秀丽的幽静的公园里游玩，往往心旷神怡，精神振奋，忘却烦恼，消除疲劳。当你情绪低落时，不要一个人闷在屋子里，要走到大自然中去，到绿色的世界中去，到自然中欣赏美好的风光，这是摆脱苦恼的一种心理调节方法。令人心旷神怡的风景将冲洗掉心中的苦闷，惆怅的情绪将溶化在大自然的壮丽之中。

第五章　每天读点情绪心理学

【心理学专家告诉你】

狭隘常常表现为不能容忍不利于自己的议论和批评，更不能受到丝毫的委屈和无意的伤害，否则就会斤斤计较、耿耿于怀。狭隘也常常表现为吝啬小气，吃不得亏，否则心里就不平衡，就会想方设法弥补"受损"的利益。

不必介意的自卑感

一代球王贝利初到巴西最有名气的桑托斯足球队时，他害怕那些大球星瞧不起自己，竟紧张得一夜未眠。他本是球场上的佼佼者，但却无端地怀疑自己，恐惧他人。后来他设法在球场上忘掉自我，专注踢球，保持一种泰然自若的心态，从此便以锐不可当之势进了一千多个球。

球王贝利战胜自卑的过程告诉我们：不要怀疑自己、贬低自己，只要勇往直前，付诸行动，就一定能走向成功，久而久之，就会从紧张、恐惧、自卑中解脱出来。不甘自卑，发愤图强，积极补偿，是医治自卑的良药。

每个人或多或少都有自卑感，就整个人类社会而言，自卑感的产生是无条件的，因为人类社会总是向前发展，而人们总是不断认识到自身的不足，再加上需求的无止境性，所以人类永远不会满足于现状，自卑感也就不会消失。被自卑情绪困扰的事例比比皆是：商人认为自己注定要失败，不敢抓住机会去扩大经营规模；专业人员总认为自己的能力和思想比同事稍逊一筹；成绩优秀的学生为大学里的考试惴惴不安；年轻女子迷人可爱，但与邻居的女孩相比较后，又对自己的社交能力颇感失望。这些人本来极为优秀，但在内心里却憎恶自己，他们内心焦虑不安，没有自己的主见，用别人的判断标准扼杀了自己的信心。

自卑感的形成则是受个人环境的影响。弗洛伊德认为童年经历在一个人生理状况、性格、志趣、思维方式等方面产生重大影响，而这些因素正决定了一个人自卑的强烈程度。他认为童年经历可能会随着时光的流逝而变得模糊，但却保存在潜意识中，对人的一生都有重大影响。一般来讲，童年生活不幸的人更容易产生自卑感或自卑感更强烈。但人的伟大之处就在于他能够能动地改变自己、超越自己。何况，没有一个人能做到十全十美，只是大家表现的方式不同而已。

自卑并非一无是处，有时候我们正因为心中的自卑才强烈地渴望进步，追求完美，也更有不断上进的力量。自卑使我们弥补自己的不足，从而使性格受到磨砺。每个人的内心深处都有一种灵性，这种灵性成为我们建功立业的力量，它维持我们的个性，即人的尊严与人格。人们为了维护尊严和人格，就要克服自卑，战胜自我。我们都发现现在所处的地位是不尽如人意的，如果我们一直保持着勇气，便能通过直接、实际的方法改进所处的环境，使我们摆脱这种感觉。没有人能长期地忍受自卑感。人类正是通过思维而采取某种活动，来解除自己的紧张状态的。

从环境角度来看，个人对自己的评价往往与外部环境对他的

第五章 每天读点情绪心理学

态度和评价紧密相关。这点早已为心理学理论所证实。某些低能甚至有生理、心理缺陷的人，在积极的鼓励、扶持、宽容的气氛中，也能建立起自信，发挥出最大的潜能。因此自卑情绪一旦被发现，必须尽早克服和纠正，使它转为一种积极健康的心理状态，帮助自己在工作和生活中发挥潜能。

自卑情绪控制得好，你也可以成为一个敢于进取、有主动创造精神的人；成为一个有积极的人生态度，活得开朗、开心的人；成为一个勇于承担责任、有责任心的人。而任何一个在事业上有所作为的人，都是一个有责任心的人。只有具备责任心的人才会在平时积极思考，才会产生事业的突破，才会产生奇迹，才能积极跨越各种障碍，成为一个不怕困难的人。尽管有时自卑这种情绪从未在你心底消失，你仍可以获得美好人生。

【心理学专家告诉你】

奥地利著名的心理学分析家A·阿德勒认为，许多的行为都是出自于"自卑感"以及对于"自卑感"的超越。在对自卑感的超越中，人往往能获得难以预料的力量，也就是说，善于利用自卑，也可以获得积极情绪。

不要让怒火烧身

奥赛罗是威尼斯公国的一员勇将。他与元老的女儿苔丝狄蒙娜相爱，但由于他是黑人，婚事未被允许。两人只好私下成婚。

奥赛罗手下有一个阴险的旗官伊阿古，一心想除掉奥赛罗。他先是向元老告密，不料却促成了两人的婚事。他又挑拨奥赛罗与苔丝狄蒙娜的感情，说另一名副将凯西奥与苔丝狄蒙娜关系不同寻常，并伪造了所谓定情信物等。奥赛罗信以为真，在愤怒中掐死了自己的妻子。当他得知真相后，悔恨之余拔剑自刎，倒在了苔丝狄蒙娜身边。

《奥赛罗》是莎士比亚的"四大悲剧"之一，是最著名的关于愤怒的故事。主人公正是在难以抑制的怒火下铸成大错。

愤怒是人类最危险的情绪之一。引起愤怒的因素很多，使人愤怒的最大原因，也许是感觉到有什么威胁着自己，或是忽视了自己的存在，伤害到人的自尊。这时的愤怒是一种保护性的情绪。当人们心存不满时，如果他认为表现出愤怒才能让自己感受到掌握情境、有控制感的话，他必定会将愤怒情绪外化。愤怒导致的行为失控冲动，实际上是一种特殊类型的强迫症，叫"过度关注症"。当人过度担心自己情绪失控会铸成大错时，便容易行为失控。

心理学家认为，人们的愤怒情绪大多数是由于沟通不畅造成的。很多时候，愤怒会掩盖一些真实的感觉。有时候并非环境本身使你生气，而是因为你对环境缺乏了解，从而采取了一种愤怒的反应。

强烈的愤怒情绪在抑郁状态下是司空见惯的，而且经常与挫折感、阻力、威胁、被忽视、被苛责相关联，从某种角度而言，愤怒是防御性的，盛怒的外表下常常有一颗脆弱的心。

愤怒造成的典型紧张反应使人体处于战斗或逃避的精神状态

第五章　每天读点情绪心理学

中。这种生理上的战备状态可能对身体造成无法估量的损害。由于大脑内负责传输的化学物质神经传递素在数秒之内消失，压力荷尔蒙残留在血流内。如果其含量长期居高不下，就可能导致动脉硬化物质的形成，增加血栓的可能，抑制免疫功能，并使中风和心脏病突发的可能性成倍增加。

不善于"制怒"的人则会因为不考虑时间、场合、对象，胡乱地发泄愤怒而给自己惹来不少麻烦。这样的人，人格往往具有相当的冲动性，耐受愤怒情绪的能力很差，倾向于以"见诸行动"的方式来暂时缓解内心的压力，可是这样的"见诸行动"常常会导致更加困难的处境，损害人际关系。

不同人处理愤怒的方式是不同的，有的人"沾火就着"，很容易被激怒，也有的人则过分压抑愤怒。这两种人都需要正确地做好愤怒的"情绪管理"，否则就会引起心理疾病。

研究表明，长期压抑愤怒可能引发胃病、肿瘤。过分压抑愤怒情绪的人往往表现得温顺而顾全大局，在外人看来是真正的"好人"，而内心却压制着如烈火般的情感。愤怒就像是压力锅中的蒸汽，不发散出来就会不停郁积，直至爆炸，或者导致心理疾病尤其是抑郁症和各种神经症。

耶鲁大学心理学教授 J·坎门发现，人们普遍有这样一种感觉：世界正逐渐包围他们，这么多的人几乎把他们吞噬掉了。我们感到无能为力，怀疑任何一人都无法解决我们众多的问题，由于挫折失败导致爆发怒气。"如果发怒能直接触及问题本身而非引起问题的个人，那么这种怒气就是积极可取的。可是，如果你把拳头击向墙壁，或者是挥向欠了你钱的姐夫，你只会把问题弄得更糟——不仅你的钱包受损,而且你的拳头第二天还会隐隐作痛。"

【心理学专家告诉你】

解决愤怒的办法有很多种。最可取的是降温法,用轻度"恼怒"来替代"愤怒"和"暴怒",或通过运动的方式让"愤怒"在运动中消失,抑或离开是非之地,都是不错的消除愤怒的方法。

别让紧张阻拦你成功

美国全国高等院校篮球锦标赛某场比赛还有几秒钟就要结束时,丹尼尔·马歇尔走到罚球线前。对垒的两队这时打成平手,马歇尔只要两罚一中,他的队就可以获胜。平常练习时,马歇尔投罚球几乎是百发百中的。这天晚上,他在全场观众注视下深吸了一口气,拍了几下球,然后定睛注视着篮圈——结果两罚俱失,他紧张得没有投中。延时续赛之后,马歇尔的队输了。

紧张,是外部条件加于机体的刺激超出了机体的相应反应能力而引起心理不平衡。紧张情绪一方面受到自主神经系统的控制,另一方面又通过激素的分泌影响生理状态。

一个人处在极度紧张状态时,往往会表现出惊慌、恐惧、愤怒,或者苦闷、忧愁、焦虑等情绪。这种情况也叫做紧张反应,常伴有植物神经系统的变化、行为改变和心理活动异常等。当紧张消除后,这些症状会自动消失,机体又恢复到原来状态。

第五章　每天读点情绪心理学

过度紧张，会使人动作失调、行为紊乱，会降低效率。因为人们在过度紧张的情绪下，会使脑神经的兴奋和抑制过程失调，出现暂时性的不平衡。这时，人就会体验到一种难以自制的心慌、不安、激动和烦躁的情绪。偶尔出现过度的紧张如能及时调整，不会对人造成大的危害，但持续的情绪紧张状态对人体特别有害。心理学家把持续的情绪紧张称为体内的"定时炸弹"。因此，长期、高度的情绪紧张，对人体是十分有害的。

现代社会高速发展，人们的生活水平也愈来愈高，人们也在平静的生活中过着超速的日子。许多忙碌的人因此不知不觉地损害了自己的身心健康，整个心灵都被日益繁重的学习或工作及生活撕碎。对一般人来说，整日坐于室内，活动量并不大，但是心灵却是分分秒秒高速地运转着，有些人甚至拖着疲惫的身体过着急速运转的生活。在此种情况下，一旦发生弹性疲乏，必将造成精神上的崩溃。因此我们必须降低生活的速度，否则，紧张的结果就是心灵的超负荷运转，最后致使不幸发生。

能引起心理紧张的事物，心理学称为紧张源。要避免紧张，首先要注意避开紧张源。当我们产生紧张的情绪体验时，可以采取回避或躲开紧张源的方式，以减少紧张和由它所带来的不适感。

人的紧张情绪反应有警报反应、抵抗反应和衰竭阶段三个阶段。适度的紧张对人的身心健康是无害的。这时，人的肾上腺素分泌增加，心跳加快，大脑和相关的器官组织供血量增加，新陈代谢旺盛，机体免疫系统处于应激状态，可以提高人的免疫功能。如果人体的紧张反应持续到第三阶段，则会对人体造成严重的伤害。

每天读点心理学

心理与身体的紧张是相互关联的，所以在心理紧张的时候一定要注意保持身体的放松。1977年，心理学家布雷迪用猴子做了实验，他让两只猴子各坐在约束椅上，每20秒给它们通一次电。也就是说，两只猴子每20秒可能会被电击一次。每只猴子都有一个压杆，但其中一只猴子的压杆能使两只猴的电击得以避免。只要这只猴子在接近20秒时压一下它的压杆，即将来临的这次电击就不出现。这只猴子总是记着到时候去压压杆，以免电击，结果疲于奔命，因为精神紧张得了胃溃疡。而那只按压无关电极的猴子被电击的次数一样多，却安然无恙，因为它只能"听天由命"，所以不会紧张。

【心理学专家告诉你】

不要与紧张的情绪对抗，而是体验它、接受它。要训练自己像局外人一样观察自己的心理，不要让紧张的情绪完全控制住你，而要正视并接受这种紧张的情绪，坦然从容地应对，有条不紊地做自己该做的事情。

空虚是精神的毒药

迪安·莫里亚蒂20岁刚出头，就已经有了妻子和一个小女儿。他是一个不愿有固定住所的人，到处游荡，无所事事。一天，作家萨尔带着自己的情妇美莉尔来纽约游玩，与迪安偶然相识，从此，他们三人驾着偷来或借来的汽车到处旅行。只要有事可干，

第五章 每天读点情绪心理学

迪安随时随地都可下车。他常常喝得烂醉，半夜三更在街头大喊大叫："人类啊，你的道路是什么样的呢？无外乎是圣童的道路，疯子的道路，虚无缥缈的道路，闲扯淡的道路，随你怎么样的道路。"

迪安是美国作家杰克·凯鲁亚克的成名作《在路上》的主人公，小说描写一群年轻人的荒诞不经的生活经历，反映了战后美国青年的精神空虚和浑浑噩噩的状态。以《在路上》为代表，出现了一大批类似的作品。这些作家被称为"垮掉的一代"。

空虚，是指百无聊赖、闲散寂寞的消极心态，是心理不充实的表现。空虚是一种社会病，它的存在极为普遍。当社会失去精神支柱或社会价值多元化导致某些人无所适从时，或者个人价值被抹杀时，就极易出现这种病态心理。

从心理学的角度看，空虚是一种消极情绪，这是它最重要的一个特点。被空虚所乘机侵袭的人，无一例外地是那些对理想和前途失去信心、对生命的意义没有正确认识的人。

空虚与寂寞、孤独是有所不同的。寂寞、孤独对于人并不总是消极的，有时甚至标志着一个人独具个性。而空虚却只能消磨人的斗志，侵蚀人的灵魂，使人的生命毫无价值。空虚者或是消极失望，以冷漠的态度对待生活，或是毫无朝气。为了摆脱空虚，他们或抽烟喝酒、打架斗殴，或无目的地游荡，沉迷于某种游戏，妨碍了正常的社会行为，之后却仍是一片茫然，无谓地消磨大好时光。空虚带给人的只有百害而无一利。

但实际上，真正空虚的感觉往往只能意会，无法言传，只有空虚者自己才能真切地体验到,他人是难以深入体验的。所以,这使得感觉空虚的人不太容易实现与他人的交流和沟通,如果自己再不积极努力的话,只会越来越紧地被空虚所包围。空虚是随时可以产生的,心理承受能力较差的人,就更容易被空虚所征服。

心里空虚是不思追求、无所事事或不愿事事造成的。因为不思追求,失去了人生的奋斗目标,就不会有奋斗的乐趣和成功的欢愉。因为无所事事或不愿事事,就会感到生活无聊,心灵空乏虚无,就会感到寂寞难忍。

空虚的产生主要源于对理想、信仰及追求的迷失,所以树立崇高的理想、建立明确的人生目标就成为消除空虚的最有力的武器。当然,这个过程并不是一蹴而就的,但当你坚定地向着自己的人生目标努力前进时,空虚就会悄悄地离你而去。

面对空虚,还要积极提高自己的心理素质。有人遇到一点挫折便偃旗息鼓而轻易为空虚所困扰,有人却能面对困难毫不畏缩而始终愉快充实。因此,有意识地加强自我心理素质的训练,就能够将空虚及时地消灭在萌芽状态而不给它以进一步侵袭的机会。

根据空虚心理产生的原因,只要个人主观努力,进行积极的自我心理调适,精神空虚是可以克服的。

【心理学专家告诉你】

维克多·雨果说:哪怕是一个最英勇的人,一经夺去了他珍贵的理想,都会落到一个境界里去,这是生活空虚的结果。生活好比旅行,理想是旅行的路线,失去了路线,只好停止前进了。生活既然没有目的,精力也就枯竭了。

第五章　每天读点情绪心理学

寻找快乐的情绪

一群年轻人到处寻找快乐,却遇到许多烦恼、忧愁和痛苦。他们向苏格拉底请教,快乐到底在哪里?

苏格拉底说:"你们还是先帮我造一条船吧!"

这帮年轻人暂时把寻找快乐的事儿放到一边,找来造船的工具,用了七七四十九天,锯倒了一棵又高又大的树,挖空树心,造出一条独木船。

独木船下水了,他们把苏格拉底请上船,一边合力荡桨,一边齐声唱起歌来。

苏格拉底问:"孩子们,你们快乐吗?"

他们齐声回答:"快乐极了!"

苏格拉底道:"快乐就是这样,它往往在你为着一个明确的目的忙得无暇顾及其他的时候突然来访。"

快乐在生活中的每一件小事中隐藏着,只要认真投入地去做事,它就一定会来找你。

许多人说我也想有快乐的情绪,可是我没有车子、没有房子、没有爱人、没有金钱,我哪里能快乐得起来?不,你错了!快乐不需要任何外界物质,它只需要你有一颗快乐的心。我们对待生活的态度应该是:我们从生活中体会和感悟了什么,而不是一味比较我们都占有了什么。有些人心高气傲,总是自命不凡,以为自己应该享有什么。无法满足的虚荣,常常使他们产生对生活不满意的情绪,长此以往便产生痛苦和失望。

每天读点心理学

　　心理学家指出，每个人都具备使自己幸福快乐的资源，如谦虚、合作精神、积极的态度，还有爱心。这些特质几乎都可以在每个人的身上找到，只是许多人没有把这些"幸福快乐的资源"运用好。而且每一个人都可以通过改变思想去改变自己的情绪和行为，从而改变自己的人生。我们每天遇到的事物，都包含成功快乐的因素，取舍全由个人决定。因为所有事情和经验里面，正面和负面的意义同时存在，把事情和经验转为绊脚石或者是踏脚石，由你自己决定。

　　幸福快乐的人所拥有的思想和行为能力，都是经过一个过程培养出来的。在开始的时候，他们与其他人所具备的条件是一样的。情绪、压力或困扰都不是源自外界的人、事、物，而是由自己内心的信念和价值观产生出来的。有能力给自己制造出困惑的人，当然也有能力替自己消除困惑。相信自己有能力或凡事都有可能，是对自己幸福快乐最有效的保证。

　　有些人总认为自己的环境不好，找不到快乐的理由，其实当你有了你认为的快乐标准后，就应该采取行动，不要总让情绪的消沉束缚住你。你想，富豪如果不行动的话，他能得到奋斗的快乐吗？农民如果不劳动的话，他能得到金秋的丰收吗？总之，人的内心世界是神奇的，有巨大的潜力。当你下决心战胜自己的人格弱点的时候，你就会成功，你就会感到快乐。我们很多人，对发生在自己身上的积极事件视而不见，却要维持消极错误的不良认知。有些人将自己的错误与不足拼命加以夸大，与此同时忽视自己曾经辉煌的成绩、贬低自己的才能，总认为自身的优点微不足道，最终认为自己软弱无能。有的人以为自己的消极情绪根本就是真实情况的反应，由于假设条件就是错误的，所以推导出来的结果也肯定是不正确的。如按此思维推理论证，那结果肯定不需言说，最后必将走进情绪的误区。

【心理学专家告诉你】

快乐意味着你有健康的人格，健康的人格意味着你具有清醒的自我意识，具有积极进取的人生态度，并以此有效地支配自己的心理行为。获得快乐的秘诀就是积极做出行动。

成功属于快乐者

日本某保险公司曾雇用了4000名推销员，并对他们进行了培训，每名推销员的培训费高达3万美元。谁知，雇用后的一年中就有一半人辞职，4年后这批人只剩下了1/5。

该公司负责人向宾夕法尼亚大学心理学家、以提出"在人的成功中乐观情绪的重要性"的理论而闻名的马丁·塞里格曼讨教，希望他能为公司的招聘工作提供帮助。

塞里格曼教授对公司招聘的1万5千名新员工进行了两次测试，一次是用该公司常规进行的以智商测验为主的甄别测试，另一次是塞里格曼教授自己设计的对被测者乐观程度的测试。随后，对这些员工进行了分类的跟踪研究。在这些新员工当中，有一组人没有通过甄别测试，但在乐观测试中，他们却取得了"超级乐观主义者"的成绩。跟踪研究的结果表明：这一组人在所有的人中工作任务完成得最好。

第一年,他们的推销额比"一般悲观主义者"高出21％,第二年高出57％。从此,塞里格曼教授的"乐观测试"成了该公司录用推销员的一个重要条件。

每天利用几分钟的时间,想象明天、下一个星期或是明年,都可能发生许多愉快的事情,不要对未来烦恼或忧虑。多想想美好的事情,你会在不知不觉中计划实现它们。如此一来,你就养成了乐观的习惯。

你记住,要物以类聚地运用人际关系。乐观的人会鼓励乐观的人,就像成功会吸引更大的成功。悲观式的否定态度,不用任何言语或行动,就能使你陷入忧虑与困扰。

乐观本身就是一种成功。因为它表示你拥有健康、活泼的心态。一个极度富有的人,可能因为过于悲观而身患癌症,在肉体上他是失败的。

盲目地相信船到桥头自然直并不是乐观,而是无知。乐观是一种坚定的信念,使你具有前瞻性的远见,根据合理的判断,作出适当的决定,因此每一件事都能水到渠成。

一切事情的成功,全靠我们自己的勇气,全靠我们对自己有信心,全靠我们自己抱着乐观的态度。然而一般人却不明白这一点,当事情不顺利时,当他们遇到不幸的日子或痛苦的经历时,他们往往会听任颓废、怀疑、恐惧、失望等情绪来主宰自己,破坏多年经营的事业计划于刹那之间!这真像向上爬的青蛙,辛辛苦苦地向上爬,但一失足就前功尽弃了。

第五章　每天读点情绪心理学

假如你能够绝对拒绝那些夺去你快乐的情感魔鬼；假如你能敞开自己的心扉，但决不让黑暗闯进来；假如你能明白这些心魔的存在，只是你自己为它们提供了方便，那么它们就不会再光顾你了。努力培养一种愉快的修养！假如你本来没有这种修养，只要你努力，不久就会具有这种美德。

你可以成为真正乐观的人。面对未来，理智地分析及评估各项因素，然后决定你的行动，让一切如你所预期。未来都在你的掌握之中，你将一无所惧。

保持乐观的心境是一门生活的艺术，你是用积极、乐观的思维方式看世界，还是用消极、悲观的想法回避现实世界？同样的事物，以不同的态度、方法去对待，结果自然也就完全不同，这就看你自己的行动了。正如那句话所说："生活是一面镜子，只要你对着它笑，它就会对着你笑。"

乐观的人往往比悲观的人表现得更杰出，因为，笑声和轻松的心情可以帮助我们化解危机，扭转劣势。乐观在获得高成就的过程中具有重要的价值，积极的心态能改善健康、增加快乐，并使人更容易成功。

【心理学专家告诉你】

当乐观主义者失败时，他们会将失败归于某些他们可以改变的事情，而不是某些固定的、他们无法克服的困难。因此，他们会努力去改变现状，以争取成功。

快乐其实很简单

从前有一个大富翁,家有良田万顷,可过得并不开心。而挨着他家高墙的外面,住着一户穷铁匠,夫妻俩整天有说有笑,日子过得很开心。

一天,富翁的老婆听见隔壁夫妻俩唱歌,便对富翁说:"我们虽然有万贯家产,还不如穷铁匠开心。"富翁想了想笑着说:"我能叫他们明天唱不出声来!"于是拿了家里两根金条,从墙头上扔了过去。打铁的夫妻俩第二天打扫院子时发现不明不白的金条,心里又高兴又紧张。为了这两根金条,他们连铁匠炉子上的活也丢下不干了。男的说:"咱们用金条置些好田地。"女的说:"不行!金条让人发现,会怀疑我们是偷来的。"男的说:"你先把金条藏在炕洞里。"女的摇头说:"藏在炕洞里会叫贼娃子偷去。"他俩商量来讨论去,谁也想不出好办法。

从此,夫妻俩吃饭不香,觉也睡不安稳,当然再也听不到他俩的欢笑和歌声了。富翁对他老婆说:"你看,他们不再说笑,不再唱歌了吧!"而富翁却因家里再也没有金条,不用防备盗贼,心里变得轻松起来,他们夫妻每天都有好心情唱歌了。

铁匠夫妻俩之所以失去了往日的开心,就是因为得了不明不白的两根金条。为了这不义之财,他们既怕被人发现怀疑,又怕被人偷去,因为不知如何处置,所以终日寝食难安。

是的,我们虽然无法改变我们的境况,但我们可以改变自己的心态。没了工作不要紧,但不能没有快乐,如果连快乐都失去

第五章 每天读点情绪心理学

了,那活着还有什么意义。因为快乐是人的天性的追求,开心是生命中最顽强、最执著的律动。给予是快乐的源泉。所谓"给予",它包含付出金钱、时间、兴趣或忠言,或者任何由你能给予他人,且对他们有利的东西。你自己付出了,但实际上这些付出能帮助你发现自己。这项原则听起来很奇怪,但却是真的。付出最多的人,获得的也最多。大智若愚,一切伟大都潜藏在平凡之中。你不懂什么是缘分,也就是说你和每个人都有缘分,你爱每一个需要帮助的人;你不懂什么是失望,所以你的心中永远存在着希望和快乐;你把自己对大自然索取的欲望降低到几乎是零,也就没有了占有和失去的烦忧。

快乐无所谓"有",也无所谓"无",只是一种感觉。一切贪欲和刺激得到的满足,都是短暂的。只有在平和、平静、平凡中去体味人生,才能像涓涓泉水,滋润你的灵魂,源源不断地流淌过你的生命。把世界上一切复杂的纷扰都能化"繁"为"简"。让我们"吃"得简单、"住"得简单、"穿"得简单;把自我的"小"爱,化为人类的"大"爱,"爱一切需要帮助的人";只给予不索取,成为一个轻松愉快不欠任何"债"的人。寻求人生乐趣的法则是:知道自己在生活中会遇到困难、悲伤和恶劣的情形,但深信自己可以克服它们。这种快乐是无价的,这便是人生的快乐。

可见世界上没有复杂的事情,只有复杂的心灵和黑洞般没有边际不知深浅的欲望。这就像一棵树,细看来是许多的枝,再看是无数的叶,再看,是数不清的细胞。其实,它只是一棵树,一棵树而已。一切问题都是可以化为简单的,正如计算机里所有问题都只有两个答案:是或者不是。快乐是一种积极、乐观、向上的生活态度。对就对了,错就错了;爱就爱了,恨就恨了;笑就笑了,哭就哭了。哪有那么多麻烦、计较和周折,又哪容你翻来覆去地随意更改。生命太短暂,一生不过短短数十年,哪经得起那么多无谓的折腾。

【心理学专家告诉你】

痛苦就像一枚青青的橄榄,品尝后才知其甘甜,这品尝需要勇气。其实,要让自己快乐非常简单,那就是少一份欲望,多一份自信。在身处绝境时,懂得苦中求乐,才是人生的真谛。

化悲痛为力量

19世纪法国作曲家柏辽兹到意大利留学之前,深深地爱上了一位叫卡米优的姑娘,二人订有婚约。可是姑娘的母亲有一天从巴黎寄给他一封信,说是因为家族的反对,她女儿只得与他解除婚约,并说她女儿已经和别人订婚。看了信,柏辽兹顿时跌入失恋的痛苦深渊,感情剧烈冲动,由嫉妒上升为复仇。当天晚上他就男扮女装,携枪坐上了奔赴巴黎的马车,他要去杀死卡米优母女和那个不义的男子。

一路上皎洁的月光洒遍村庄田野,远山笼罩着一层轻纱般的薄雾,显得迷离朦胧。马蹄有节奏地叩击着路面,车轮发出均匀的辚辚声……

柏辽兹坐在马车上,渐渐地被眼前的夜景迷住了。虽然有着

第五章　每天读点情绪心理学

满腔的愤怒和痛苦,但在这宁静的醉人月色中,情绪慢慢平静了,最后他放弃了那种荒唐的举止,谴责了自己鲁莽的举动,而且很快就沉醉于乐曲的构思之中了。

人生有许多严峻的考验,其中最困难的就是战胜自我。如果能把痛苦化为强大的精神力量,在困境中战胜自己,保持心理平衡,走出情绪的纷扰也就指日可待了。

真正的悲剧并不是失去了心爱之人,而是忘记了是什么东西让我们与众生万物产生爱的联结。而令人心痛的是看见人失去了最重要的心爱者,他们自己与自己的人性以及对自己和周遭人的怜悯宽容,失去了联系。他们的苦并不是那种明显的深层悲痛,而更多地表现为态度的漠然与绝望。对于许许多多种丧失,人们都会产生痛苦的情绪。大火毁了房子,青春一去不复返,失业,肢体残缺,离别,夫妻分居,错过良机……

所有这些,都会招致情绪哀伤。我们常看到生活周围有些人深陷种种艰难困苦时,依然过得快乐而有自信。有些人为了一种更高尚的目标,为了人类的未来,而不惜牺牲世俗的快乐;甚至为了人类而遭迫害也不在意。因此当我们选择了信仰,也就选择了一种责任。我们克服着坏情绪,是因为我们知道我们的信仰是正确的,我们是自愿地去承受的。我们甘心经历痛苦,是为了得到在我们一生中都不曾知道的更多益处。所有这些,就是用信念来治疗痛苦的含义。

在悲伤、绝望的感觉笼罩整个心灵世界的时候,这些消极情感又反过来加深挫折、失败以及需要匮乏的感觉,从而构成一条恶性循环的反馈链。为了减轻心理上的痛苦，为了不使自己的精神世界崩溃，人们自觉或不自觉地找出一条冠冕堂皇的理由，为自己的缺点、失败开脱。然而这是短暂的，又是肤浅的，因为它只是让你暂时摆脱痛苦的纠缠，并不能使你获得心灵的安宁。最根本的是，我们要把一颗饱经痛苦折磨的心洗刷干净，让它更加晶莹剔透，让我们看世界的眼光更加深刻和有力。

痛苦是一种毁灭自我的力量，但是痛苦也为我们提供了一个磨炼的机会，尽管它使我们无法享受那种安逸的生活。有人曾说："我相信，苍天不会启用尚未经历过磨难的人。"的确，磨难使我们在苍天面前成熟稳重起来，这是在安逸的生活中无论如何都做不到的。

【心理学专家告诉你】

在与悲惨命运搏斗的当口，我们会感觉到自己完完全全地处于升华的意志之中。只有经历磨难的人，才能对生命有深刻的体认；也只有经历过磨难的人，才能够认真地履行他对人类的义务。

第六章
每天读点健康心理学

心理健康是幸福之本

有位商人，以150元起家，靠着强烈的进取心与良好的信誉，用了14年时间成为亿万富翁。但是在个人财富不断增长的时候，他却对好多东西感到苦恼，还得了严重的失眠。他忽然感到事业的成功对他来讲已经没有了新鲜感和兴奋感。

一次，他偶然与一位老乞丐攀谈，发现自己这个身家亿万的大富翁竟然没有一个肮脏的乞丐幸福。这种状况越来越加重了他内心的孤独和无助，他开始变得焦躁不安，经常忍不住发脾气。后来，他从报上看到了一则某富翁被人绑架的报道，更加忧心忡忡，始终担心会有图谋不轨之人或亡命之徒要陷害他。终于，他忍受不了恐慌与各种不良的猜测，忍受不了每天不能睡上两个小时的痛苦，决定触电自杀。但是想死又怕死的心理让他难以下定决心，这种矛盾让他感到内心的疼痛，不禁发出酸楚的呜咽，惊动了妻子，才幸免一死。

在妻子的劝说下，他来到心理门诊求治，医生诊断他患有抑郁症、恐惧症和偏执症。经过一年多的艰难治疗，他终于恢复了健康的心态，又找回了生活的意义。

什么是幸福？这是每一个人都会问自己的问题。但是千百年过去，没有一个人能够给出令所有人满意的答案。

拥有金钱？很多大富翁整日为琐事奔波，似乎忙碌的工作是无穷无尽的，他们恨不得一掷千金来换得片刻的宁静；拥有权力？很多当权者日夜不安，生怕自己的权力会被别人分享，几乎没有一天能睡个好觉；拥有知识？很多学富五车的人似乎并没有从知识中得到幸福，有些人不仅做出了违背常识的事情，最后还疯掉了；获得事业上的成功？成功是没有顶点的，很多成功人士其实都认为自己不是最成功的，为了能够更成功，他们像神话中的西西弗斯一样不停地向山顶推着石头。

我们说，拥有健康的人才是最幸福的，而心理健康尤为幸福之本。什么是健康？大部分人都会说身体强壮不生病就是健康。其实这样的健康观念是片面的。现代健康概念，早已超出人们的传统认识，它不仅指生理上的健康，还包括心理和社会适应等方面的完好状态，即：心理如果不能得到很好的诊治，也会引发身体疾病。因此，重视心理问题已经到了刻不容缓的地步了。身体疾病并不可怕，许多身患绝症的人，正是因为拥有健康的心理，反而在生命最后的时刻焕发光彩。而心理疾病就不同了。无论你多么富有，多么渊博，多么强壮，多么伟大，只要有一点点恐惧或者焦虑，就足以让你惶惶不可终日。相信这是绝大多数人都会有的感觉。

人的心理健康状态的分布类似一个枣核，大多数人都处于中间的位置，代表的是平均心理健康水平，他们相对而言没有心理

第六章　每天读点健康心理学

疾患。但是只有顶端所代表的才是真正健康的个性，这是心理健康水平的最优点。心理学专家认为，处于一般心理健康水平的人，如果不向更高的水平发展，其生活是不可能富有、幸福和丰富多彩的。即使没有什么心理疾患，也满足了自己的一切需要和动机，仍然不会感到幸福。

可以断言，一切的财富都始于健康的心理。我们许多人的一生并不缺乏才华、能力和机会，却总与成就和财富擦肩而过，其根本的原因就在于还不具备健康成熟的个性与心理。生活中每个人都会有各种各样的心理，面对困难与挫折，有的人坚强、执著，有的人则不堪一击。前者可以顶住压力，后者毫无一点希望，这就是说，有什么样的心理就会导致什么样的人生。

【心理学专家告诉你】

美国心理学大师鲍勃·卡鲁说："人生就是一部心理学方程！"的确，心理是人生最明显的健康指数。如果重视不够，就会给自己的人生幸福制造"心理障碍"。

杞人忧天话焦虑

从前在杞国，有个胆子很小的人，他常会想到一些奇怪的问题，而让人觉得莫名其妙。有一天，他吃过晚饭以后，拿了一把大蒲扇，坐在门前乘凉，并且自言自语地说："假如有一天，天塌了下来，那该怎么办呢？我们岂不是无路可逃，而将活活地被压死，这不就太冤枉了吗？"

从此以后，他几乎每天为这个问题发愁、烦恼，朋友见他终日精神恍惚，脸色憔悴，都很替他担心，但是，当大家知道原因后，都跑来劝他说："老兄啊！你何必为这件事自寻烦恼呢？天怎么会塌下来呢？再说即使真的塌下来，那也不是你一个人忧虑发愁就可以解决的啊，想开点吧！"可是无论人家怎么说，他都不相信，仍然时常为这个不必要的问题担忧。

从现代心理学的角度来看，这个忧天的杞人是个典型的焦虑症患者。焦虑是指一种缺乏明显客观原因的内心不安或无根据的恐惧，预期即将面临不良处境的一种紧张情绪，表现为持续性精神紧张或发作性惊恐状态，常伴有自主神经功能失调表现。

精神分析学派认为，焦虑的来源是精神内在冲突，包括本能冲动与现实原则、本能冲动和道德准则之间的冲突。心理防御行为使得原始冲动得不到满足或发泄，本能冲动继续积累到某一程度时，自我控制能力失效。由于致力于激烈的内部防御工作，神经症患者在本能冲动负荷过盛的情况下，防御无效则变为焦虑，表现出坐立不安、激动、浮躁、紧张与失眠。

社会学习理论的观点则认为，焦虑是特殊条件刺激和焦虑刺激引起的焦虑性条件反射。特殊条件刺激引起的焦虑可以不断被强化，最后形成相对稳定的情绪反应。该理论认为，焦虑和恐惧在形成原理上是相同的，其差别仅仅在量的方面。由于在现实生活中，导致恐惧的条件刺激比导致焦虑的条件刺激多，所以感到焦虑的人数要比感到恐惧的人多一些。

第六章　每天读点健康心理学

生物学研究发现，遗传性的生理特征和长期的压力可以使自律神经系统或大脑网状系统特别容易被负性事件所激活。这种因素所造成的敏感性，会导致人对于负性事件的过度反应，从而引起焦虑。

轻微焦虑的消除，主要是依靠个体自身的心理调适，当出现焦虑时，首先要意识到自己这是焦虑心理，要正视它，不要用自认为合理的其他理由来掩饰它的存在。其次要树立起消除焦虑心理的信心，充分调动主观能动性，运用注意力转移的原理，及时消除焦虑。当你的注意力转移到新的事物上去时，心理上产生的新的体验有可能驱逐和取代焦虑心理，这是一种人们常用的方法。

认知过程在焦虑症状的形成中起着极其重要的作用。研究发现，抑郁症病人比一般人更倾向于把模棱两可的、甚至是良性的事件解释成危机的先兆，更倾向于认为坏事情会落到他们头上，更倾向于认为失败在等待着他们，更倾向于低估自己对消极事件的控制能力。所以把心放宽，可以有效地抑制焦虑感。

有些神经性焦虑是由于患者对某些情绪体验或欲望进行压抑，压抑到潜意识中去了，但它并没有消失，因此便产生了病症。发病时人只知道痛苦焦虑，而不知其原因。在这种情况下，必须进行自我反省，把潜意识中引起痛苦的事情诉说出来。可以向心理专家进行咨询，通过心理治疗，逐渐消除引起焦虑的内心矛盾和可能有关的因素，解除对焦虑发作所产生的恐惧心理和精神负担。

【心理学专家告诉你】

美国心理学家 D·巴洛认为,广泛性焦虑是一种慢性的、不可控制的焦虑。大约有 6% 的人一生都会陷入这种状态。往往是总想控制生活中每件事的人,容易变得过分焦虑。他们想一切尽在掌握,但又缺乏安全感,于是把结果想象得一团糟。从而他们就会不断感到担心。

完美主义等于瘫痪

有个人要在客厅里挂一幅画,请邻居来帮忙。画已经在墙上扶好,正准备砸钉子,邻居说:"这样不好,最好钉两个木块,把画挂上面。"那个人遵从了邻居的意见,让他帮着去找木块。

木块很快找来了,正要钉,邻居又说:"等一等,木块有些大了,最好能锯掉点。"于是便四处去找锯子。找来锯子,还没有锯两下,邻居说:"不行,这锯子太钝了,得磨一磨。"

邻居家有一把锉刀,锉刀拿来了,邻居又发现锉刀没有把柄。为了给锉刀安把柄,邻居又去校园边上的一个灌木丛里寻找小树。要砍下小树,邻居又发现那把生满铁锈的斧头实在是不能用。邻居又找来磨刀石,可为了固定住磨刀石,必须得制作几根固定磨刀石的木条。为此他又到外面去找一位木匠,说木匠家有个现成的。然而,这一走,就再也没见他回来。

当然了,那个人还是一边一个钉子把那幅画钉在了墙上。他

第六章　每天读点健康心理学

下午再见到邻居的时候，邻居正在帮木匠从商店往外架一台笨重的电锯呢。

虽然这位热心的邻居是个凡事务求精益求精的人，可是却没有把事情办成，还凭空自找了不少麻烦。

心理学研究证明，试图达到完美境界的人与他们可能获得成功的机会，恰恰成反比。追求完美给人带来莫大的焦虑、沮丧和压抑。完美主义是一种追求尽善尽美的极端性格。力图把一件事情做完善的心理倾向，在心理学上被称为"自圆心理"。积极的自圆心理是促使个体产生完成某项活动的强大的内动力，根本无须别人管理和监督，个体自会努力钻研，不断向前。心理学家认为具有完美主义性格的人通常有下列特性：注意细节、缺乏弹性、注重外表的呈现、不允许犯错、自信心低落、追求秩序与整洁、自我怀疑、无法信任他人。因此完美主义者非常容易被强迫症所困扰。

强迫症是一种常见的心理疾病，指患者在主观上感到有某种不可抗拒和被迫无奈的观念、情绪、意向或行为上的存在。患者认识到，强行进入的、自己并不愿意的思想，纠缠不断的观念或者穷思竭虑，都是不恰当的或毫无意义的。患者也认识到那些强迫性欲望或观念是同他的人格不相容的，但又是被迫地出于自己内心的。为了排除这些令人不快的思想、观念或欲望，会导致严重的内心斗争并伴随强烈的焦虑和恐惧，有时可以是为了减轻焦虑而做出一些近似仪式性的动作，患者明知没有必要，但不能自我控制和克服，因而感到痛苦。

强迫症与一定的人格特征有着密切关系，弗洛伊德认为，强迫症患者具有"肛门性格"倾向。这种人一般具有主观任性、急躁、好强、自制力差或胆小怕事、优柔寡断、遇事过于谨慎、缺乏自信心、墨守成规、生活习惯比较呆板、喜欢仔细地思考问题等特点。

社会心理因素是强迫症的诱发因素。正常人偶尔有强迫观念，但是并不持续，往往在社会心理因素影响下被强化而持续存在。这些事件给患者带来了沉重打击，使患者谨小慎微，遇事犹豫不决，反复思考，忧心忡忡，容易促发强迫症状。

苛求完美无异于追求痛苦，世上没有十全十美的人，没有十全十美的事物，平庸的人类才是世界的主体。要打破原有的思维模式，对于一些富于挑战意义的工作，不作过于乐观的要求。先为自己确定一个短期的合理的目标。只要目标合理，每次总能接近或超过目标，这样下去，才能培养起成就感和自信心。

【心理学专家告诉你】

追求完美是人类文明进步、社会持续发展的重要动力源。一个人如果没有对完美的期待，很容易导致做人做事随便马虎。但是，若过度求全求美，会使人陷入自怨自艾的恶性循环。要学会减轻和放松精神压力，做任何事情的时候顺其自然，做完就不再想它了。

第六章　每天读点健康心理学

抑郁是心灵流感

丹麦哲学家索伦·克尔凯郭尔身世坎坷，又天生驼背跛足、体弱多病。他虽然聪颖过人，但生性孤僻内向，行为怪诞，从小就染上了忧郁症，以为自己死了之后会下地狱，因此他整个的生活都是悲观的。尽管如此，他却在生活中早早学会了隐藏自己的忧虑不让他人察觉，对外以轻浮放荡的花花公子形象来掩饰自己的忧郁。

1837年，克尔凯郭尔与15岁的少女雷吉娜相爱，但是他认为自己不应该把自己内心的痛苦分担给这位纯洁的少女，因此断然与她解除婚约。在他的日记和著作中，他和雷吉娜的关系一直都是他自我折磨式思虑的主题之一。

忧郁的性情使他放弃传统哲学思想的探索，开创了存在主义的哲学，却也使他身心憔悴，在43岁就英年早逝。

抑郁是一种非常普遍的病态情绪，很容易化解，但是如果得不到有效的调适，后果可能会非常严重，甚至致命。这种状况和感冒非常类似，因此心理学界把抑郁情绪称为"心灵感冒"。抑郁并不专属任何特定人群，而是可能发生在任何人身上。

美国存在主义心理学家C·施奈德认为，抑郁性格者没有自信心、感觉生存没有意义，灰心丧气、内心苦恼异常。心境低落是抑郁的主要表现。抑郁的人常常不由自主地感到空虚，为一些小事感到苦闷、愁眉不展；觉得生活没有价值和意义，对周围的一切都失去兴趣，整天无精打采。抑郁的表现是多方面的，但归结起来，主要表现为心境低落、思维迟缓、意志减退等症状。

抑郁经常是由社会心理因素诱发的，如夫妻的争吵、离异、亲人的分别、意外的伤残、工作困难、人际关系的紧张等等。另外，患严重躯体疾病的患者经常对疾病或是死亡持担心、焦虑的态度，以致心情苦闷、沮丧，从而诱发抑郁。

容易感到抑郁的原因也可能是基因引起的，与心理因素和外在环境相互影响。在很多病例中，大脑显像技术显示，抑郁者负责情绪、思考、睡眠、食欲和行为调节的中枢神经回路无法正常运作，而必要的神经传送素也失去平衡。一般认为血清素和肾上腺素都扮演着导致抑郁的关键角色，这两种化学元素都会影响一个人的情绪。

抑郁症患者并不完全是心胸狭窄、遇事爱钻牛角尖的人，它也不能说明一个人的品质低劣或意志薄弱。治疗抑郁的关键就在于能清楚地确认并承认自己的抑郁。

心情不快却闷着不说会闷出病来，有了苦闷应学会向人倾诉。能把心中的苦处倾诉给知心人并能得到安慰甚至获得计谋的人，心胸自然会像打开了一扇门。即使面对不很知心的人，学会把心中的委屈不软不硬地倾诉给他，也常能得到心境立即阴转晴之效。

如果家里有了抑郁症患者，除了要帮助患者进行积极的治疗，在日常生活中也要注意患者的情绪变化，以免病情有所起伏。抑郁症患者是家庭中的一分子。如果家庭不和睦，或有某家庭成员有不良的倾向和行为，都可以成为对患者的不良刺激因素，促使疾病的形成。

第六章　每天读点健康心理学

【心理学专家告诉你】

对正常人来说根本无所谓的事情，抑郁性格者却以否定人生的悲观态度来对待，自认为是非常危险或濒临死亡的状态。如果其面对现实方面的心理因素起作用的话，又会认为只有接受痛苦的现实，才可以解脱心理上的苦恼。

压制内心的狂躁

在电视喜剧《武林外传》中，客栈掌柜佟湘玉吃了千年人参，被药力烧得热血沸腾，一心要做追赶朝阳的有志青年，不但逼伙计们走上街头"服务社会"，自己也像打了兴奋剂一样一刻不停地干活。她大声宣布："让我们的心脏跳跃起来吧！让热血沸腾起来吧！让激情燃烧起来吧！让青春飞扬起来吧！我已经想好了，从今天起，我不再是一个坐享其成的剥削者！取而代之的是一个全新的我！一个脱胎换骨的我！一个视事业为生命爱情为事业的我！！"说完就摔了扇子出去扫地了。

在心理医生看来，这是典型的狂躁症的表现。

狂躁是一种以情感高涨为特点的情绪障碍。狂躁者心境高涨，经常表现得兴高采烈、洋洋自得、喜形于色，好像从来没有烦恼的事。这种心情高涨往往生动、鲜明、与内心体验和周围环境相协调，具有感染力。但是他们的情绪反应可能不稳定、易激惹，可因细小琐事或意见遭驳斥、要求未满足而暴跳如雷，可出现破坏或攻击行为。

思维奔逸是狂躁症患者的另一表现。他们联想过程明显加快，概念接踵而至，常有"变聪明了"的体验。患者说话声大量多、滔滔不绝，但是因为注意力分散，话题常随境转移，可出现观念飘忽、音联意联现象。在心情高涨背景上，患者自我感觉良好。感到身体从未如此健康，精力从未如此充沛。才思敏捷，一目十行。往往过高评价自己的才智、地位，自命不凡，可出现夸大观念。

狂躁病人兴趣广，喜欢热闹，交往多，主动与人亲近，与不相识的人也一见如故。与人逗乐，爱管闲事，打抱不平，凡事缺乏深思熟虑。患者虽然终日多说、多动，甚至声嘶力竭，却毫无倦意，精力显得异常旺盛，食欲增强，睡眠需求减少。

心理学研究发现，狂躁症患者的睡眠脑电图变化与抑郁症很类似，主要是快波睡眠的潜伏期缩短，慢波睡眠的第3、第4期明显减少。这显示了狂躁症与抑郁症的内在联系。实际上，恰恰有一些患者，既会表现出狂躁的症状，又会表现出抑郁的症状，这就是狂躁抑郁症。

在狂躁症或狂躁抑郁症的狂躁阶段，患者有的整宿睡不着觉，而入睡困难及早醒则更为常见。这种病人，虽然每夜有时只睡两三个小时，但醒后精神饱满，常早早地爬起来搞卫生或去拜访亲友，给家人或朋友增添了不少麻烦。狂躁症偶尔也能在白天出现强烈困意，这可能与治疗药物的作用有一定关系。

无论抑郁还是狂躁，都是病态症状，所以没有达到病态的人，也要尽量使自己的狂躁情绪平静下来，保持中正平和的心态。

第六章　每天读点健康心理学

环境对人的情绪、情感同样起着重要的影响和制约作用。素雅整洁的房间，光线明亮、颜色柔和的环境，使人产生恬静、舒畅的心情。相反，阴暗、狭窄、肮脏的环境，给人带来憋气和不快的情绪。因此，改变环境，也能起到调节情绪的作用。当你在受到不良情绪压抑时，不妨到外面走走，看看美景，大自然的美景，能够旷达胸怀，欢娱身心，对于调节人的心理活动有着很好的效果。

想要保持宁静的心，重要的一条是要热爱大自然。当我们登上高山，眺望大海，极目旷野，世间的纷纷扰扰都会离我们远去。心有多大，世界就有多大。当心变大，心也就自由而宁静了。

【心理学专家告诉你】

很多时候，我们的情绪会莫名其妙地被外界事物所牵，在烦恼、焦虑、恐惧中痛苦地挣扎。如果有了超然与宽容，我们不容易心随境转。放过别人是慈悲，放过自己是智慧。当你有了一颗宁静的心，曾经的热闹喧嚣，就会如背景般慢慢淡出，繁华落尽，只留心底的那份执著坚定以及淡淡的弥散恒久的自信。

厌倦感使人疲惫

在很早的时候，有一个欧洲观光团来到了非洲一个叫亚米亚尼的原始部落。部落里有位老者，穿着白袍盘着腿安静地在一棵菩提树下编草帽。草帽非常精致，它吸引了一位法国商人。他想：

每天读点心理学

要是将这些草帽运到法国,巴黎的女人戴着这种草编的小圆帽,将是多么时尚多么风情啊!想到这里,商人激动地问:"这草帽多少钱一顶?"

"10比索。"老者微笑着回答道。天哪!这会让我发大财的,商人心喜若狂。

"假如我买10万顶草帽,那你打算每一顶优惠多少钱?"

"那样的话,就得要20比索一顶。"

"什么?"商人简直不敢相信自己的耳朵,"为什么?"

"为什么?"老者也生气了,"做10万顶一模一样的草帽,会让我乏味死的。"

厌倦是人们对某种事物产生疲惫烦躁的感觉,它极易将人的情绪导向消极,会抑制人的潜能发挥,甚至会泯灭人的创造力。如果被厌倦的情绪左右,就会陷入自己制造的迷茫之中。

我们经常会有这样的经历:突然对某件事物产生了兴趣,但忙了一阵子,付出一些努力以后,却又失去了兴趣,转而去做其他事情;或者在某一固定时段,从事着重复单调的工作,心里就产生了烦躁情绪,没有了热情,于是得过且过。

厌倦与一种称为"心理饱和"的现象密切相关。饱和本来是化学术语,将盐不断加入水中,当它不能再溶解时,就叫做饱和状态。所谓心理饱和,就是人已经处于一种非常厌烦的、不想再继续某项任务的心理状态,是指心理的承受力到了不能再承受的程度。

厌倦感,就是机体在过度接受某种刺激之后所做出的逃避反应。这也是人类出于自然本能的一种自我保护性的心理反应。一

第六章 每天读点健康心理学

般而言,反复虽是增强引导效果的手段,但同样的刺激物在强度过大、刺激时间过长时容易引起对象反应性质的变化。

厌倦是人们常有的情绪体验,会给人的身心、事业的成就造成极大的影响。人生无目标,生活无动力,就极易产生厌倦的感觉。这种消极的生活态度使人萎靡不振,使人做什么事都提不起精神来。当你有了厌倦情绪的时候,就需要重新审视自己的目标,知道自己到底想要什么之后,再积极从中发掘乐趣。

首先在认知上要正确积极看待心理饱和。当你重新审视自己,学会合理地安排各种任务,建立有张有弛的节奏,制订切实可行的工作目标,对时间进行合理管理,不超越自己的能力的时候,压力就会大大降低。

充足的睡眠是使大脑保持良好状态的必要条件。剥夺睡眠使大脑过度疲劳,会造成厌倦感,导致心理饱和。如果自己感到疲倦了,最好马上休息。

当出现厌烦情绪时,你不妨活动活动身子,极目远眺片刻,或散散步,或与别人聊聊天,分散一下紧张的情绪,这样,可以减少心理饱和给你带来的精神压力。另外,要寻找多种不良情绪的宣泄途径,积极培养生活乐趣。学会或参与一门艺术,无论是投入地表演,还是入迷地欣赏,都能使自己在一种特殊意境中获得一种乐在其中的情绪。

【心理学专家告诉你】

古希腊哲学家德谟克利特说:当人过度的时候,最适意的东西也会变成最不适意的东西。追求多样化和丰富性是人的先天倾向，呆板单一的方式容易使人产生厌恶和反感情绪。当对接受者的信号刺激达到一定程度，超过接受者的心理承受能力时，接受者就会表现出对信号的抵制。

直面内心的痛苦

从前有个胆小的老人，他的独生子却很勇敢，而且天生喜欢打猎。

有一次，老人梦见儿子悲惨地被狮子咬死。他极害怕这梦变为现实，便特别建造了一座悬空的漂亮房子，将儿子锁在里面。为了让儿子高兴，老人在墙上画了各种各样的动物，其中也画有狮子。

然而，那孩子越看画越烦恼。有一次，他站在狮子画的旁边，说道："喂，你这可恶的野兽，为了你和我父亲荒唐的梦，我才被关在这种像牢房一样的房里。"说着说着，便挥动拳头用力向墙打去，好像要把那狮子打死。不料一根刺钻到他指甲里去了，他疼痛难忍，最后发炎引起高烧不退，没多久便死了。

一头画在墙上的狮子，竟把孩子害死了。这位父亲精心的安排对孩子有害无益。面对自认为"无法解决"的问题，勇气不足的人往往会选择逃避，殊不知逃避行为不仅无助于解决眼前的问题，反而会引发更多的问题。

第六章　每天读点健康心理学

在遇到突如其来的创伤性事件时，人的心理和生理会对不良刺激或情境产生反应，称为"应激"。这原本是个物理学的名词。物理学认为，金属能承受一定的应力，当应力超过其阈值或"屈服点"的时候就会引起永久性的变形损害。人也具有承受应激的限度，超过它也会产生不良后果。

察觉和认知评价是决定个体对环境刺激是否引起防卫和抵抗的关键，它们都涉及对信息处理的智力水平。这个水平既取决于气候、饮食、药物、家庭关系以及特异环境等外部条件，也受遗传、既往经历等内在因素的影响。每个人都以自身的不同方式来察觉环境刺激，这就是不同的人对同一应激源会有不同反应的原因。

当个体不能主动处理应激情境的时候，就会转而采取一些回避遭遇应激源的做法。尝试回避或逃避的做法会涉及许多的认知的和行为的方式，包括痴心妄想、远离应激情境、否认应激源，或者从事一些分散注意力的活动。

回避行为常常是个体对应激情境带来不良后果所作的反应。在应激源刚刚出现时，个体采取回避的策略能最大限度地减轻痛苦，从而赢得时间去适应和争取更多的资源。通过降低痛苦水平，原本采取回避行为的个体可能会转而采取主动解决问题的处理方式。同样，当一个人期待应激源在短时期内消失时，也会采取回避行为，可能会最大限度上减少应激事件带来的消极影响。

尽管回避行为能够在短时间内缓解心理压力，但是一直采取回避行为往往会导致不良的心理健康后果。在遭遇持续的应激源的时候采取分散注意力的方法，容易导致个体的顺应不良。逃避策略和健康之间的消极关系可能会使个体的活动缺乏建设性，而活动缺乏建设性则是他们不断采取回避策略所致。就是说，当个体的回避想法和行为直接指向应激源的时候，可能会妨碍他采取积极的有效处理应激的建设性活动，从而使他心头的痛苦无法得到缓解。在一些极端情况下，采用拖延的逃避方法甚至会引发或加剧情境，并有可能会伴发一些额外的情绪性苦恼。

所以说，真正维护心理健康的方法只有一个，那就是直面痛苦和压力。直面痛苦的人会从痛苦中得到许多意想不到的收获，它们最终会变成生命中的财富。

【心理学专家告诉你】

普鲁斯特说：只有彻头彻尾地经历苦恼，苦恼才能被治好。有的被逃避者扭曲的事实甚至算不上痛苦，而仅仅是给人的心理带来一定的压力。甚至有些人为了逃避人生的种种苦难而选择结束自己的生命。这样的人有勇气自杀，却不愿意拿出勇气挑战人生。

恐惧不代表懦弱

法国皇帝拿破仑是世界上伟大的政治家、军事家之一。这个科西嘉岛的矮子建立了当时世界上最强大的帝国。他还是个性格坚强的人，几次被打倒，都能东山再起。然而，就是这个意志异常坚强的人，也有一个弱点。

据说，有一天晚上，拿破仑的部属看到他们尊敬的皇帝在他

第六章　每天读点健康心理学

那豪华气派的住宅附近疯狂愤怒地拿着一只短刀挥舞着，当时全身发抖，而且满身大汗，简直就像是一个无助的小孩。为何是这样？原来他认为有只猫咪躲在家里窗帘后面。显然，这位骁勇善战、历经无数大小战役、征服了欧洲的英雄，在面对一只毫无攻击能力、喵喵叫的小猫时，竟是这般的无助。由此可知，拿破仑患有惧猫症，可能是在童年时期曾被猫吓过或攻击过造成的。

恐惧是人类与生俱来的、发自本能的、源于内心深处的一种情感体验。面对自然界和人类社会，生命的进程从来都不是一帆风顺、平安无事的，总会遭到各种各样、意想不到的挫折、失败和痛苦。当一个人预料将会有某种不良后果产生或受到威胁时，就会产生这种不愉快情绪，并为此紧张不安、忧虑、烦恼、担心、恐惧，程度从轻微的忧虑一直到惊慌失措。现实生活中每个人都可能经历某种困难或危险的处境，从而体验不同程度的焦虑。恐惧作为一种生命情感的痛苦体验，是一种心理折磨。人们往往并不为已经到来的、或正在经历的事感到惧怕，而是对结果的预感产生恐慌。

恐惧是一种非正常情绪状态，它是由于人本身经历的扭曲或伤害引起的。它产生的原因已经被大部分人所遗忘。亚里士多德说："我们不恐惧那些我们相信不会降临在我们头上的东西，也不恐惧那些我们相信不会给我们招致事端的人，在我们觉得他们还不会危害我们的时候，是不会害怕的。因此，恐惧的意义是：恐惧是由那些相信某事物已降临到他们身上的人感觉到的，恐惧是因特殊的人，以特殊的方式，并在特殊的时间条件下产生的。"

显然，恐惧的形成源于无知，源于对已经历或未经历的事的不认识。

而恐惧症是以恐惧症状为主要临床表现的神经症。所害怕的特定事物或处境是外在的，尽管当时并无危险。恐惧症发作时往往伴有显著的植物神经症状。当事人极力回避所害怕的处境，恐惧反应与引起恐惧的对象极不相称，患者本人也知道害怕是过分的、不应该的或不合理的，但并不能防止恐惧症发作。

恐惧症是每个人或多或少都有的毛病。只是，在诸多令人感到恐惧的事与情况中，如看到蜘蛛、老鼠会打冷战，还不算太严重。但有些连看到无害的物体，如茶壶或郁金香也会发昏，就已到不可思议的地步了。比如有个患者害怕鱼，因为他小时候从游乐园赢过两条死金鱼。另一位飞行员害怕蛾子，他认为飞蛾翅膀发出的扑拍声会引起敌人战机来袭。

勇敢的思想和坚定的信心是治疗恐惧的良药，所有的恐惧在某种程度上都与人的软弱感和无助感有关，因为此时人的思想意识和力量是分离的。要消除恐惧感，就要勇敢地面对引起恐惧的事物，学会控制、调节自己的恐惧情绪。

【心理学专家告诉你】

约翰·穆勒说：除了恐惧本身之外没有什么好害怕的。不能克服恐惧的人认为恐惧意味着软弱，就找出各种各样的方法来否认和逃避恐惧。其实摆脱恐惧的唯一方法是直面现实，并勇敢地接受，除此之外没有任何捷径可循。

第六章　每天读点健康心理学

孤独是最痛苦的体验

奥地利作家S·茨威格生前发表的最后一部中篇小说《象棋的故事》，描写了一位"B博士"被人关在"大都会饭店"的一个密闭的单间里，不给他书报、纸笔，除了看守，他从来没有看见过任何一张人的脸，就是看守也不许同他说话，不许回答他的问题。纳粹分子希望用孤独对他施加压力，以得到他们想要的情报。

一个偶然的机会，B博士偷到一本棋谱。他就照着棋谱自己和自己下棋，最后得了"象棋中毒"，几乎疯掉。

孤独是个体对自己社会交往数量的多少和质量好坏的一种个人感受。对孤独感的这种界定，可以帮助我们理解为什么有些人虽然远离人群，却依然感到非常快乐，而有些人尽管被人群所包围，而且经常与他人打交道却时常感觉到孤独。现在有很多人都在抱怨身边没有什么真正的朋友。对于他们来说，当与人进行坦诚交往的需求不能得到满足时，就会产生强烈的孤独感。因此说，孤独感是一种个人体验。

心理学研究表明，一个人如果经常被孤独感笼罩，会变得情绪抑郁、精神萎靡、寂寞忧愁、寡言少语。孤独感产生后随之带来的通常是情绪低落，而失眠、焦虑等临床症状会严重影响正常的工作和生活。

由于内心的孤独和寂寞，孤独者在人际环境中往往具有较强的自卑感和戒备心理，内心的虚弱使他们把自己严严实实地包裹起来，长此以往，就会使他们陷入更强烈的不良情绪体验之中。这些内心的体验逐渐固定下来之后，就形成了孤僻的性格。这不仅会引起各种心理障碍，还会降低身体免疫力，使其容易感染各种生理疾病。

孤独者对生活的态度更多地被成长中遇到的不幸所影响，他们在陷于困境时往往不知所措，甚至不愿向他人求助。相比之下，喜欢与人交流的人能乐观地看待生活中的不幸，而且能以积极的态度去解决问题，善于向他人求助。

科研人员还发现，孤独者体内的肾上腺素要高于喜爱与人交流的人。当压力来临时，过多的肾上腺素会使一种"压力激素"水平升高，使"快乐激素"水平下降，从而引起疲劳感。此外，临床医学研究还表明，由于孤独者的不良情绪不易排解，易受刺激，他们的血压也比普通人要高，也更容易衰老。

较为严重的孤独感或孤独症患者还会产生挫折感、寂寞感和狂躁感等，严重的甚至厌世轻生。

解除孤独感大致有两个途径：一是本人的自我管戒，二是心理医生的疏导和药物治疗。一旦发现自己有孤独倾向，应该清醒地告诉自己，把自己禁锢在孤身独处的囚笼里，得到的只有孤独而不是快乐。要想得到快乐，就应该勇敢坚定地打开心灵的门窗，走出个人小天地，积极参与社交活动。

孤独者因为采用消极的交往方式，并缺乏必要的社交技能，因而难以与他人建立亲密的友谊。与这些人交往常常让人感到不愉快，于是他们很难建立有助他们发展社交技能的人际关系，也就陷入了孤独的恶性循环。心理学家认为，通过有意识的基本社交技能的训练，可以使孤独者走出这种恶性循环。

【心理学专家告诉你】

德国精神分析学家J·琼嘉尔德认为，孤独是一种主观上的社交孤立状态，伴有个人知觉到自己与他人隔离或缺乏接触而产生的不被接纳的痛苦体验。孤独感还会增加与他人和社会的隔膜与疏离，而隔膜与疏离又会强化人的孤独感，久之势必导致疏离的个人体格失常。

提高抵御挫折的能力

有位青年画家想努力提高自己的画技，画出人人喜爱的画，于是他把自己认为最满意的一幅作品拿到市场上，旁边放了一支笔，请观赏者把不足之处指点出来。晚上回家后，青年画家发现，画面上几乎所有地方都标满了指责的记号。这个结果对青年画家打击太大了，他开始怀疑自己到底有没有绘画的才能。从此，他萎靡不振，最终决定放弃绘画。

后来一位老画家把青年画家的另一幅作品拿到市场上，旁边放了一支笔，请观赏者把优秀之处指点出来。到了晚上，画面上几乎所有地方都标满了赞赏的记号。

在心理学的概念中，挫折是指人们在有意识的活动中，受到了无法克服的阻碍或干扰，其需要或动机不能满足所产生的一种紧张心理和消极反应。一般说来，挫折产生的外部原因是由于非人为的环境因素造成的，内部原因是指个人的生理、心理因素等带来的阻碍和限制。

挫折对于一个生活的强者来说，无异于一剂催人奋进的兴奋剂，可以提高他的认识水平、增强他的承受力、激发他的活力；挫折对一个弱者来说，则可以减弱他的成就动机水平、降低他的创造性思维活动水平、减弱自我控制力，使其发生行为偏差。

由此看来，就算在同样的挫折面前，人们的表现也会千差万别。所以，如何看待挫折，归根结底还是要看一个人对待生活的态度是积极乐观的还是消极悲观的。

挫折承受力是指抵抗挫折、阻止心理产生不良反应的能力，即个体适应、抗御和应对挫折的能力。影响挫折承受力的因素主要有生理条件、经验、认知因素、个性因素、社会支持五个方面。

一个身体健康、发育正常的人，对挫折的承受力一般比一个疾病缠身、有生理缺陷的人要高。国外有研究发现，体弱多病者与身体健康者相比，在丧偶后一年内，前者发病率比后者高78%，死亡率比后者高三倍。

在婴幼儿期所受的挫折刺激较多，可使成年期的行为更富于适应性和多变性。相反，极少受挫折，一贯顺利，总是受到赞扬的人，就没有足够的机会学习和积累对待挫折的经验。他们的自尊心往往过于强烈，对挫折的承受力很低。当然，任何事情都应有个"度"。如果青少年期遭遇的挫折太多、太大，超出了心理承受的范围，也会影响以后的发展，可能形成自卑、怯懦等特征，缺乏克服挫折的勇气。

第六章　每天读点健康心理学

生活中的挫折既有不可避免的一面，又有正向和负向的功能。挫折既可能使人走向成熟、取得成就，也可能破坏一个人的前途，关键在于对挫折怎样认识和采取什么态度。

首先，任何人都要勇于承认挫折，在挫折面前不要逃避。每个人都应懂得，一个人如果不经历困难和挫折，一生一帆风顺，就犹如温室里的花卉，经不住人生中的风霜雨雪，很容易被一时挫折所压垮，这样的人就难以成才，难以有所作为。

其次，要学会培养自己的耐挫折的能力。在挫折面前，每个人的耐受力往往不尽一致，甚至差别较大。对挫折的耐受力，虽然与遗传素质有关，但更重要的是来自于后天的教育、修养、实践、经验和锻炼。在现实生活中，每个人都可以通过自觉、有意识的锻炼，去培养提高自己对挫折的耐受力。

【心理学专家告诉你】

巴尔扎克说：挫折和不幸，是天才的晋身之阶，信徒的洗礼之水，能人的无价之宝，弱者的无底深渊。只要能够直面人生、勇于拼搏，人生之船就会战胜惊涛骇浪，驶过激流险滩，到达理想的彼岸。即使是一时的受挫、失败，也终会成为人生之路勇敢的开拓者，事业上的成功者。

宣泄情绪的洪水

阮籍是魏晋时代的著名诗人。他三岁丧父，由寡母抚育成人。

相传母亲去世时，阮籍正在与人下棋，对手要停止，他却坚持下完，似乎无动于衷。但下完棋后，他饮酒二斗，大哭一场，吐血数升几乎死去。

　　人是有感情的动物，多数心理疾病患者都在情绪上有困扰。因此，情绪的调适与心理健康关系最为密切。在正常的情况下，情绪反应是由适当的原因引起的，该原因并为当事者本人所觉知，并且情绪反应的强度应和引起它的情境相称。当引起情绪的因素消失之后，情绪反应会视情况而逐渐平复。正常的情绪反应，不论是积极的还是消极的，都有助于个体的行为适应。所以，阮籍吐血的病症，完全是因为压抑内心的悲痛所致。

　　医学研究表明，不少疾病的发生发展常与不良的心理状态、工作及生活压力过重有关，社会因素是导致疾病不可忽视的诱因。比如抑郁生闷气，并常常带气吃饭，就容易患胃癌。在各种不良性格反应导致癌症的统计中，情绪压抑不得释放的人，则容易患肺癌。也就是说，肺癌病人病前情感释放能力，明显要低于正常人。

　　压抑情绪是指人在遇到挫折和打击时，产生的消极情绪没有及时的释放和宣泄，反而把它深深埋在心里。当这种负面情绪累积越多时，就容易产生沉重的压抑情绪。如果人长时间处于压抑情绪下，连脸色都会变得阴沉难看，脾气古怪暴躁，难以接近。

　　一个人在不开心时，得到的劝慰大多是"笑一笑"，很少有人会劝其"哭一哭"。哭在人们的脑海中被定格为一种对身体不利的情绪反应，往往被人们将之与不好的事情联系在一起。其实，哭作为一种常见的情绪反应，对人的心理恰恰起着一种有效的保

第六章　每天读点健康心理学

护作用。

痛哭本身作为纯真的感情爆发，是人的一种保护性反应，是释放积聚能量用于排出体内毒素、调整机体平衡的一种方式。好比洪水暴涨，水库即将决堤，打开溢洪道，便可避免一场灭顶之灾。

我们经常哭泣，而且几乎每天都会看到别人脸上的泪水。据统计，女性每个月平均要哭5次，男性则每4周哭一次。哭泣虽然不能解决根本问题，但它可以给人在紧张中暂时的放松，消除积蓄已久的压力或悲伤，有助于鼓舞他们重新生活的勇气。

科学家发现，哭泣时流下的眼泪能清除人体内的过多激素，而正是这些激素让我们产生了烦恼。通常人们哭泣后，情绪在强度上会降低40%。相反，有些沮丧的人从不哭泣。因此，专家认为，强忍着眼泪就等于"自杀"。不过，哭泣不宜超过15分钟。压抑的心情得到发泄、缓解后就不能再哭，否则对身体反而有害。

有压抑情绪的人大多不愿意把自己遇到的事情向别人述说，他们独自承担着因为打击所带来的伤害。这样的自我压抑除了使精神状态变得糟糕外，还会导致个人走向自闭和孤独。假如能够把痛苦说出来，即使别人不能给你指导，但是你的心里也会感到舒服得多。朋友和亲人就是你的靠山，他们不会嘲笑和鄙视你，他们希望你活得快乐而不是被压抑包围。

体育锻炼能让人在运动中无形中疏解压力。同时，我们也可以走进大自然，让大自然的魅力和纯洁来净化自己的心灵。艺术活动对人神经系统和内分泌系统都有积极的冲击力，使人精神上容易产生一种无法用言语表达的欢快感，忘却常存心中的忧愁和痛苦。音乐对减轻焦虑和疼痛的效果最为突出，而亲手作画或雕塑，对神经衰弱等病症能收到意想不到的治疗效果。

【心理学专家告诉你】

如果我们的情绪表达经常受到压抑或禁制，便易引起身心疾病。压力在所难免，但切不可沉溺于压抑的泥潭中不能自拔，而应尽快调整心态和情绪，采取积极的行动来拂去心头的尘土。

顺其自然不强求

有个很有钱的人，他总是认为自己一觉睡下就会死去。于是有个术士就告诉他，只要你看不见太阳你就可以活下来。那个富翁很释然，他想：我这么有钱，不就是不看见太阳吗？于是他买下了数架豪华飞机，开始了没有期限的飞行之路！当他开始每天安稳地睡觉、享受美食、美女一切一切的时候，悲剧发生了。因为引擎的故障飞机坠毁了，而他也不幸死了。

有时候我们总是以为别人在故意和自己作对，于是我们开始反击。最后才发现我们真的成了自己的敌人！

日本著名精神病学家森田正马认为，神经症症状纯属主观问题。它是由患者的疑病素质所引发的精神活动过程中的精神交互作用所致。换句话说，疑病素质是神经衰弱、强迫观念、焦虑发作、各种恐惧症等神经症发病的基础。具有疑病素质的人常常把一般人在某些场合可能产生的感觉，如过度用脑时的头昏、紧张

第六章　每天读点健康心理学

时的心慌等，误认为是"病"而紧张恐惧。注意力越集中在这些"症状"上，感觉越敏锐，"症状"也就越严重，形成恶性循环，森田称之为精神交互作用。在其影响下，患者陷入内心冲突状态，形成神经衰弱和发作神经症。

与理性不符合的观念任何正常人都会有的，只是一闪即逝不留痕迹。而有疑病素质的人，这些观念一旦出现，便固执地重复，同时又想反复控制，形成拮抗对立。通过精神交互作用，产生强迫观念。有疑病素质的人是"完美主义者"，他们往往在欲求与现实之间，在"理应如此"和"事已如此"之间形成"思想矛盾"，并力图解决这些现实无法解决的矛盾，对客观现实采取强求的态度，致使症状越来越重。根据这个理论，森田正马提出了称为"森田疗法"的治疗原理和方法。

"森田疗法"的治疗原理就是"顺应自然"，接受症状不予抵抗，带着症状从事正常的工作和学习，对躯体和心理症状不加排斥和压抑。要顺其自然，必须要做到"四认清、四接受"：认清情感活动的规律，接受不安等令人厌恶的情感；认清精神活动的规律，接受自身可能出现的各种想法和观念；认清症状形成和发展的规律，接受症状；认清主客观之间的关系，接受事物的客观规律。顺应自然，对自己的症状采取接受态度，一方面不再强化对状态的主观感觉，另一方面因为不再排斥这种感觉，而逐渐使自己的注意不再固着在症状之上，从而打破精神交互作用使症状得以减轻直至消除。

与人相关的事物分为可控制的事物和不可控制的事物。前者是指个人通过自己的主观意志可以调控改变的事物；后者是指个人主观意志不能决定的事物。森田疗法要求以学习顺应自然的态度，不去控制不可控制之事，如人的情感；但还是注意为所当为，即控制那些可以控制之事，如人的行动。

【心理学专家告诉你】

神经症患者的精神冲突往往停留在自己的主观世界之中，但在实际生活中对引起其痛苦的事物却采取了一种逃避和敷衍的态度。事实上，只有实际行动才是提高对现实生活的适应能力的最直接的催化剂，也是治愈神经症的关键。"见怪不怪，其怪必败"，有许多神经症就是这样"不治而愈"的。

劳逸结合多休息

2006年1月21日，上海中发电气有限公司董事长南民因患急性脑血栓抢救无效，在上海浦东仁济医院逝世，年仅37岁。

中发电气有限公司在国内拥有600多家分公司和办事处，总资产达12亿元。而南民在中发集团的股权占32%，保守估计，个人资产至少在5亿元以上。但是工作强度大，生活不规律，年轻的南民几年前就已经患上高血压、糖尿病等疾病，而且经常感觉脑袋胀痛。

他的副手说："每次病情严重的时候，他都是稍作休息便投入工作，最近两个月他的身体状态又不太好，我们已经劝他在家休养了，但他还是时常来公司坐上半天。"

第六章 每天读点健康心理学

"一边吃着饭,一边打手机,一边接电话……"这常常是南民的工作状态,其实也真实地反映了很多企业家的生活。对于承受创业苦、竞争大的企业家来说,劳累已经成为一种普遍现象。

疲劳,是指持久或过度活动后引起机体不适和工作绩效下降的现象。无论从事体力活动,还是脑力活动,都会产生疲劳。如果从疲劳发生的功能特点来看,可将疲劳分为生理疲劳和心理疲劳。

心理疲劳是指人体肌肉工作强度不大,但由于神经系统紧张程度过高或长时间从事单调、厌烦的工作而引起的疲劳。心理疲劳是在活动过程中过度使用心理能力而使其功能降低的现象,或长期单调重复作业而产生的单调厌倦感。从人体在日常生活方面出发,心理疲劳指长时期地思考、焦虑、恐惧或者在和别人激烈争吵之后,心理陷入"心力衰竭"状态。心理疲劳的本质应该是由于心理功能、神经系统方面利用过度、紧张过度从而导致其功能降低所产生的疲劳,或者是由单调、重复的工作所引起的一种厌倦感。心理疲劳会造成人体无力感、注意失调、感觉失调、动觉紊乱、记忆故障、意识衰退等等症状。

一般的心理疲劳通过适当的休息可以在短时间内得以缓解,但是如果疲劳得不到缓解,会逐渐累积,引起慢性疲劳综合征。

慢性疲劳综合征首先会表现出一些生理反应,比如入睡困难,早晨不愿意起床;轻微运动后,脉搏就激烈跳动,很难恢复,运动量稍大就会面色发青、心悸、气喘;体重不明原因的下降,头部经常剧烈疼痛,胸部感到憋闷;特别容易流汗,常患便秘或是腹泻；面色无光，皮肤粗糙，脸色青黑，眼部浮肿，手足发冷，肩部和颈部感到麻木；等等。这样的现象越多，说明疲劳的程度越深，但医学检查一般不会发现问题。

心理疲劳不仅降低工作效率，而且对心理健康也有很大的影响。过度的心理疲劳，无异于对生命的透支。那些只知消耗不知保养的人，或者事业心特强以至被称为"工作狂"的人最容易患上慢性疲劳综合征。中年人身体已经开始衰老，加上家庭、社会负担重，疲劳积累得比较多，所以比起青年人来，中年人更是慢性疲劳综合征的易感人群。如果任由慢性疲劳综合征加重而不予治疗，最后很有可能导致早衰，甚至过劳死。

防止和解除心理疲劳首先要注意劳逸结合。工作要合理安排时间和轻重缓急，生活要有规律，重视积极性休息，适时参加一些体育锻炼，如跑步、游泳、打球和步行等，以提高肌体的活力、精力和人体在应付复杂枯燥工作时的适应能力，从而避免因从事的活动过于单一而产生单调、消极的心境。同时，每天尽可能保证7~8小时的睡眠，这对消除疲劳有明显的效果。

【心理学专家告诉你】

古罗马哲学家马尔库斯·西塞罗说：闲暇的目的不是为了心灵获得充足，而是为了心灵获得休息。心理疲劳往往通过一些身体疲劳的症状表现出来，而且是不知不觉潜伏在人们身边，所以往往容易被人们忽视。

第六章　每天读点健康心理学

心理敏感惹麻烦

《红楼梦》中的林黛玉，由于母亲、父亲先后过世，只能过着寄人篱下的生活，变得越来越多愁善感。有一次，史湘云说唱小旦的戏子和黛玉容貌相像，她当时没有发作，回到屋里就生闷气，还向前来安慰她的贾宝玉发脾气："我原是给你们取笑的，——拿我比戏子取笑。"

宝玉辩解道："我并没有比你，我并没笑，为什么恼我呢？"

她就说："你还要比？你还要笑？你不比不笑，比人比了笑了的还厉害呢！"

害得宝玉尴尬不已，无言以对。

过于敏感的心理，就是感情脆弱，承受能力差。微小的刺激，比如一句平常的话、一个平常的小动作、一个平常的眼神，就能引起严重的不安全感，好像要发生什么大事而紧张不安，或者感到自己受到伤害，心中充满极度委屈的情绪。

敏感的人生活在情感过于充沛的海洋里，敏感的神经随时都可以被调动起来，因为周围发生的一切都会在心里留下深深的痕迹。过度敏感的人的弱点在于他们缺乏自信心，总是在寻找抱怨的理由。结果是，即使别人发自内心的赞扬也不足以让他们往好处去想。

敏感心理容易产生内向性行为问题，也就是心理学所讲的非社会行为。行为的结果更多的是对自己的否定和伤害。如退缩、孤独不合群、猜疑报复和敌视、抑郁、自责、自虐。在知道了自身的弱点或知道别人已经了解了自身的弱点后，往往会不知所措，陷入自我责备的痛苦中，整日彷徨不安，也有人在别人有意或无意地谈及自己的痛点时，会情绪反应剧烈，暴跳喊叫，怒气冲冲；或脸色突变，手脚发抖，越想越想不开，伺机报复。这样就更加引发各种心理危机，造成更严重的生理和心理伤害。

过于敏感的人终日生活在"防御"状态之下，只会使自己疲惫不堪。我们需要及时调节和克服敏感心理，学会从善意的角度看待别人的做法和事物，走出敏感带来的阴影。

心理学研究的过敏心理，起点基本上都是感觉过敏。感觉是人最基本的心理过程。感觉过敏大多由各种因素引起感觉阈限降低所致，过敏者对一般的刺激反应显得特别敏感和强烈，比如神经衰弱患者可感到阳光特别耀眼，风声特别震耳。

每个人的感觉能力不同，所以其具体的感觉阈限也不相同。感觉过敏除了先天性的敏感之外，通常是多种因素引起感觉阈限降低所造成的，比如强烈的情绪因素，对自身的感觉过分注意，以往的创伤性经验等。感觉过敏者对于一般的刺激反应显得特别敏感，特别强烈，感到忍受不了，例如不能忍受一般噪声和一般的冷热骤变，对于诸如阳光照射、皮肤轻触、衣裤摩擦等感到难以忍受的疼痛和不适。在感觉过敏的基础上，可伴发情感障碍，如焦虑、抑郁等症状，也可产生疑难性解释或妄想性解释。

过度敏感往往是心理不成熟的表现，过度敏感的人都有一种自贬自责的倾向，一个小小的挫折都往心里去，随即开始怀疑自己的全部。而这往往使他们的好心情变坏。于是，所有外界的批评都是有道理的，一切都是自己的错。

要想从根本上解决敏感心理，提高修养是关键。培养积极乐

第六章　每天读点健康心理学

观的生活态度，胸怀要宽广一些，学会关心别人和体谅别人。有意识地训练自己的心理承受能力。

【心理学专家告诉你】

过度敏感的人可能会更快地意识到问题，而不会对周边事物视而不见。如果对周边事物有什么异常感觉，那这些感觉对你的进步和成熟便是起了建设性的作用了。一旦克服了过度敏感的心理，对生活的适应能力就会更强。

不可救药的懒惰

从前有个懒汉，很懒很懒，家里大大小小的事都由他妻子做。有一天他妻子要出远门了，于是做了张很大的饼，用绳子挂在他胸前。那人就躺在床上什么也不干，饿了就咬几口饼。但是后来离嘴巴最近的饼已经吃没了，那人就是懒啊，把手抬起来一下也不愿意，于是几天后他妻子回来，发现他已经饿死了，胸前还挂着个吃了一个"月牙"的饼。

普通人都喜欢舒适，能站着拿到东西绝对不会跳起来，能坐着拿到东西绝对不会站起来，能躺着拿到东西绝对不会坐起来。可是舒适又是个极坏的东西，它是滋生慵懒的温床。

懒惰是一种心理上的厌倦情绪，它的表现形式多种多样，包括极端的懒散状态和轻微的忧郁不快。生气、羞怯、嫉妒、嫌恶等都会引起懒惰，使人无法按照自己的愿望进行活动。

心理学家认为，懒惰的根本原因在于缺乏动机。事实上，一个人的懒惰完全是无意识的抵抗。阶段性的懒惰是正常的，甚至可以说是有益的，那些像永动机一样工作的人会破坏自己的生命节奏。但是无休止的懒惰却走向了反面。

一项最新的医学研究表明，不爱出门，不好活动，"懒懒散散"的生活方式也许早在母亲怀孕时就已经形成了。孕妇饮食中的营养物质不足，会导致胎儿的生长受到限制，而在此期间形成的虚弱体质将影响终身。即使胎儿出生后的饮食质量提高了，也无法改变他的懒散的倾向，这样的"小懒虫"即使吃素，食物中没有动物脂肪，也无法避免多余的体重。

忘我工作和身心疲劳都会产生懒惰情绪。这样产生的懒惰，是身体的一种自我保护措施，避免使你筋疲力尽。这时，好好休息是非常必要的。过一会儿后全部的懒惰症状就都会消失，而你又会精神饱满起来。

懒惰也可能是生病的征兆。一个人内分泌失调或患有心血管病、消化道疾病、过度紧张和贫血都会产生懒惰情绪。这样产生的懒惰在大多数情况下不需要采取特别的措施，只需要注意一下自己的健康状况就可以了。

懒惰最大的危害是使思维迟钝。人的大脑也遵循用进废退的法则，勤于用脑的人，能使大脑增加释放脑啡肽等特殊生化物质，脑内的核糖核酸含量比一般人平均水平要高 10%~20%。核糖核酸能促进脑垂体分泌神经激素，它对促进记忆和智力的发展具有重要作用。懒惰的人由于大脑功能得不到充分发挥，脑啡肽及

第六章　每天读点健康心理学

核糖核酸等生物活性物质的释放和水平降低。长期下去，大脑功能就会呈渐进性退化，思维逐渐迟钝，分析和判断能力也随之下降。

懒散者四肢不勤活动甚少，长此以往，机体得不到锻炼，体力消耗减少，热能的"收入"大于"支出"，身体就会逐渐发胖，以至罹患多种疾病。体力活动少，身体各器官系统的功能会产生适应性下降。因此，懒散必然会使机体素质下降。

懒惰之人甘居平庸，不求上进，自然会引起周围人的不满，以致使自己产生消极情绪，如忧郁、沮丧、怨恨、烦躁、愤懑等。这种情绪的表露；会加剧人际间的矛盾，使关系恶化，甚至影响正常的工作和生活。

研究表明，中老年人的健康有赖于神经系统保持一定的紧张性。惰性可降低机体对外界环境的适应性，而出现未老先衰。有资料表明，情绪经常处于较差状态者，罹患心血管疾病的危险比一般人高3.5倍，心脏过早出现衰退现象。

【心理学专家告诉你】

本杰明·富兰克林说："懒惰像生锈一样，比操劳更能消耗身体。"一个进入勤劳状态的人，心灵中就不会有长久驻足的慵懒。因为意念与行为协调统一，所以恶劣的情绪便没有潜入的机会，更没有盘踞的空间。

悲观者虽生犹死

有个搬运工人意外地被锁在一个冷冻车厢里,他清楚地意识到自己是在冷冻车厢里,如果出不去就会被冻死。过了不到20个小时,冷冻车厢被打开时那个人已死了。法医检验认为他是冻死的。可是,人们仔细检查了车厢,发现冷气开关并没有打开,通风装置工作也正常。那个工人确实死了,因为他确信:在冷冻的情况下是不能活命的。

悲观是人自觉言行不满而产生的一种不安情绪,是一种心理上的自我指责,是自我的不安全感和恐惧未来的多种心理活动的混合物。悲观者对未来缺乏信心,认为自己什么事都干不好,在认知上否定自己的优势与能力,无限放大自己的缺陷。悲观者实际上是以自己悲观消极的想法看待客观世界,在他们心中,现实是或多或少被丑化了的。悲观的情绪和其他情绪低落症状相比有一个特点,就是悲观者对于未来的态度特别低落,好像世界末日马上就要到来。

悲观的人可能更容易患老年痴呆症,这是美国心理学家约纳斯·格达的一项研究,他查看了3500人在1962年到1965年间的医疗记录,这些人当初都做过明尼苏达多项人格测验,这是一种关于个性及生活经历的心理测试。40年后,到了2004年,格达对这些人进行了跟踪调查,发现那些在个性测试中悲观表现得分高的人,出现痴呆的风险比其他人要高出30%。

悲观情绪还会影响到组织器官,引起一系列的生理变化,不

第六章　每天读点健康心理学

仅会造成代谢功能的失调，如心率、血压、消化功能的紊乱，而且会使内分泌破坏或降低免疫功能。放任悲观心理发展，最严重的后果是导致自杀。

美国心理学家针对 480 名 65 岁以上关节炎患者的研究发现，悲观的人对膝关节疼痛和关节障碍的抱怨比没有悲观想法的人要多，而且更难完成日常的活动。乐观的人更有可能尝试锻炼。这种锻炼虽然不能改善疾病状况，但至少能够防止病情的恶化。而悲观的人即使尝试进行锻炼，他们也更有可能感到疼痛，并且增强他们认为没有什么能帮助他们的想法，并因此而停止锻炼，这就好像是一种自我满足的消极预言。

个人的心态是容易悲观还是乐观，与成长的经历和天生的气质类型有密切关系，因此对于不同的个体，矫正的难度是不同的。要成为乐观主义者，需要建立三种认识：对自我的建设性认识、对世界的现实认识和对自身未来的客观认识。通过行为疗法和认知疗法的一些训练，可以学会改变对自我的态度，对事物的看法。

心理学家马丁·塞里格曼做过这样一个实验：一批小鼠被分成两组，第一组被放在一个盛满不透明液体的池里，池里有一座小岛，但淹没在液体下面，小鼠看不见它。它们拼命游泳，直到发现已经游到了小岛上，可以休息而且没有性命之忧。第二组也被放在不透明液体的池里，但没有小岛，小鼠们拼命游泳直到筋疲力尽。然后，两组小鼠被放在同一个池里，没有小岛。结果第一组小鼠满怀着找到小岛的希望，坚持游泳的时间是第二组的两倍，而从来没有见过小岛的小鼠们很快就放弃努力，它们知道再坚持游下去也没有用，宁可在绝望中让自己沉没。换言之，它们学会了某种悲观的思维方式，导致了行动上的"无能"。

这个实验说明，如果曾有过通过努力得到成功的经验，我们就能建立自己的乐观精神。

【心理学专家告诉你】

心理学家发现，悲观主义者眼睛往下看，而乐观主义者向上看。人总是低着头的话，就会更加悲观地进行思考。只需改变习惯，将目光稍稍抬高一点，就会减轻悲观情绪。

赌徒其实是病人

著名作家古龙的小说《绝代双骄》中有个名叫轩辕三光的角色，绰号是"恶赌鬼"。顾名思义，他无疑是个大赌徒了。

轩辕三光嗜赌如命，为了赌博可以六亲不认，非得赌到"天光人光钱也光"，也不见得肯罢手。所以名叫'三光'。据说，轩辕三光什么事情都可以拿来赌，一般坊间的牌九、骰子固然是他的招牌，可是即使坐在茶楼喝茶，他也可以跟你赌下一个上楼喝茶的人是男是女。他这个人的赌品还不好，如果你赌赢他就硬要跟你继续赌到翻本，但是如果你赌输了，他也硬要你一定要继续赌到翻本，因此"恶赌鬼"之名不胫而走。

赌博是一种行为活动，也是一种复杂的精神活动，它具有深层的心理本能因素。它能给人带来刺激、乐趣和财富，是人类对

第六章 每天读点健康心理学

自我分析、预测能力、心智的充分肯定与自信，只不过是盲目的、无知的、浅薄的，是一种人性弱点的膨胀。

赌博活动本身也具有诱发瘾癖的因素。赌博可以赢利，迎合了参赌者的投机心理。赌徒如果在赌场赢了，促使他想赢得更多；输了，想把损失挽回，也会促使他继续赌下去。这对赌徒形成一种间歇性的强化机制，使他们越陷越深不能自拔。

参赌者大多好胜心强，希望通过参赌战胜对手，而技术性赌赛活动激烈的竞争，正好满足了参赌者的好胜心理。参赌项目越富刺激性和冒险性，对以赌博寻求刺激的人吸引力就越大。这些人在强烈的刺激中可以暂时逃避家庭或者社会对自己的压力或责任。

常见的赌客有社交或娱乐性的赌客、以赢钱为目的的职业赌客和罪犯型赌客，这些人一般可以控制自己的赌博行为，不会产生焦虑、忧郁等心理障碍。如果沉迷赌博，赌注大才畅快，停止赌博就会心理不安，且已经妨害其家庭或职业功能，就可以视为病态型赌客。赌徒有种强迫性行为，他们对赌博的渴求与成瘾可以像吸毒者一样达到歇斯底里的程度。

参加赌博无异于慢性自杀，赌博上瘾带来了一系列的社会问题。赌博的种类多种多样，但赌注却无一例外都是幸福。赌博要占用大量的时间，赌徒缺少与家人团聚的时间，严重时会耗尽家庭财产。很多赌徒还常会虐待配偶和孩子，导致家庭不睦、对子女教育不良。赌博还是导致社会不安定的重要因素，很多赌徒因为赌博而背负了巨额的债务，从此走上了犯罪的道路，破坏了社会秩序，影响了社会治安。

从医学角度看，赌博更是健康的大敌，赌博成瘾对个人的身心健康影响极大。经常参赌之人，喜怒哀乐变化无常，总是提心吊胆，心绪不宁；或因债台高筑，导致家庭失和，因而吵闹或打闹不休，故烦恼、愤怒；或因一夜之间突发横财，又兴奋、激动、狂喜。各种情绪变化往往交织在一起，使赌徒长期处在紧张激动的情绪状态之中，会导致许多疾病。

赌博繁多的内容和形式以及强烈的竞争性和独特的随机性，能满足人们不同层次、不同类型的心理需要。有四个因素让人嗜赌：心理因素、寻求刺激、冲动性格及反社会行为。要戒除赌瘾，就要从这四个方面入手。

赌瘾是一种不能强行控制的病态，要给嗜赌者适当的支持。戒除赌博可能需要长期的工作，不能够立刻见效，但是可以逐步地从减少赌注、减少赌博时间做起，直至戒除赌瘾。戒除赌博是一件艰难的事情，如果一个人已嗜赌成性又要想戒除赌瘾，必须拥有坚定的意志才行。

【心理学专家告诉你】

除了赌博以外，很多行为都会使人产生瘾癖，其中既包括盗窃这样的负性行为、上网这样的中性行为，也包括体育锻炼这样的良性行为。如果暂时中断这些已经形成瘾癖的行为，就会产生焦虑、烦躁等戒断反应。

第六章　每天读点健康心理学

为健康戒烟

伟大的革命领袖列宁是从17岁时学会吸烟的。他的母亲十分担心他的健康,就劝他戒烟。母亲对列宁列举了吸烟对身体有害的种种理由,然后向他指出,在他自己没有挣钱之前,不必要的开支,即使是几个戈比的支出,也是不应当花费的。当时,列宁是个因参加革命活动而被开除的大学生,毫无经济收入,全家都靠抚恤金生活。思想早熟而又敬重母亲的列宁听从了母亲的劝告,毅然戒了烟,并且终生不吸。

十月革命胜利后,列宁在办公室墙上贴上"禁止吸烟"的纸条。在有人不遵守规定依然吞云吐雾时,他生气地当众撕下纸条,并且说"免得糟蹋规定"。列宁在参加"星期六义务劳动"时,一位年轻的红军指挥员出于敬慕请列宁抽烟,列宁谢绝了,并且幽默地笑着说:"同志,你在战场上和敌人勇敢作战,为什么不能跟吸烟作斗争?"

烟草中富含的尼古丁是一种难闻、味苦、无色透明的油质液体,能迅速溶于水及酒精中,通过黏膜很容易被机体吸收。粘在皮肤表面的尼古丁也可被吸收渗入体内。脑细胞之间的交流主要通过一种神经传递素或信息载体的化学成分在被称之为神经键的神经元细胞间空隙里传动进行的。乙酰胆碱就是神经传递素的一种,它能够激活某些脑细胞使其释放出多巴胺,而多巴胺与人类产生愉快感觉是息息相关的。一旦激活其他细胞的行为完成,乙酰胆碱就会立即被乙酰胆碱酯酶分解。尼古丁拥有类似乙酰胆碱激活细胞释放多巴胺的特性，但是它却不会立刻被乙酰胆碱酯酶分解，而是在神经键中停留几分钟，激活后面的神经元，使兴奋持续很长时间，释放出大量多巴胺。这就是尼古丁为何让人吸食上瘾的关键所在。

尼古丁是一种剧毒物质，一支香烟所含的尼古丁可毒死一只小白鼠，20支香烟中的尼古丁可毒死一头牛。一个每天吸15到20支香烟的人，其患肺癌、口腔癌或喉癌致死的概率，要比不吸烟的人大14倍，死于心脏病的概率也要大两倍。吸烟还是导致慢性支气管炎和肺气肿的主要原因，而慢性肺部疾病本身，也增加了得肺炎及心脏病的危险。所以为了身心健康，我们应当尽量不吸烟，而吸烟者也要逐步戒烟。

人戒烟后，生理活动要调整到新的平衡，恢复正常健康的代谢机能，开始可能会不适应，会产生一系列生理和心理反应。头昏头痛主要发生在开始戒烟的头三天内，原因是更多的氧进入大脑，再加上缺乏尼古丁的刺激。当血压恢复正常时，也可能会头痛。约有20%的人戒烟后咳嗽增多，当黏液咳出时，会感到咽痛和一些类似感冒的症状。这表明肺部的纤毛正在清除香烟中残留的焦油和一些黏液，肺的防御机能正在恢复。排出这些废物大概需要三个星期。戒断症状是暂时的，它实际上是机体进行正常的、健康的调整的结果。它的出现表明身体正在清除烟中的化学物质并调整自身的平衡。戒断症状也会在两周后逐渐消失。

要求嗜烟者一下子就完全戒掉烟瘾，是比较困难的，特别是对烟瘾大的人来说更不现实。因此，医生会采取逐步戒烟的方法。在戒烟过程中，要逐步减少每天吸烟的支数，逐步延长吸烟的间

第六章 每天读点健康心理学

隔时间，如两天减少一支烟，一天减少一支烟，半天减少一支烟，这样不断地递减，而间隔时间不断递增，最后达到戒烟目的。在戒烟时，首先要帮助患者充分认识吸烟对自己及他人的危害，树立起戒烟的决心和信心，不要认为吸烟历史较长而戒不掉。在日常生活中，也有许多烟瘾很大的人，多次戒烟都未成功，后来得了不宜抽烟的疾病，下定决心后还是戒掉了。

【心理学专家告诉你】

因为吸烟具有一定的文化象征意义，许多青少年认为吸烟是成熟的象征，吸烟者那种潇洒自如、悠然自得的神态对青少年具有很大的诱惑力，为了证明自己不再是小孩子，而选择了接受吸烟这种行为。

第七章
每天读点婚恋心理学

爱情是什么

在某个偏僻的乡村,有一对青梅竹马的年轻人,他们都没有父母。善良的小伙子是个哑巴,没有读书,他把打工挣来的钱全用来供女孩上学。

终于,女孩大学毕业了。她回到家乡,对小伙子说:我们结婚吧!但是小伙子却犹豫了:他不想连累已经到城市生活的女孩,他知道自己是个哑巴。女孩失望地离开了家。

一个月后,小伙子接到城里医院打来的电话。医生告诉他,他深爱的女孩患了喉病,经过手术,已经不能说话了。小伙子把姑娘接回乡下,顺理成章地结婚、生子,成为十里八乡有名的恩爱夫妻。

又过了几十年,已经做了祖爷爷的哑巴去世了。操持完丈夫的葬礼,受人尊敬的"哑巴"奶奶对大家说:"现在,这个谎言可以结束了。"

爱情是两个人之间基于共同的生活理想,在各自内心形成的相互倾慕,并渴望对方成为自己终身伴侣的一种强烈的、纯真的、

第七章　每天读点婚恋心理学

专一的感情，是人际之间相互吸引的最强烈形式。

爱情充满了幻想、狂热，激烈而迫切，并与许多相互冲突的情绪有联系。爱情往往与性欲有关，研究和观察表明，性欲是爱情的动力和内在本质。这是人类繁衍后代的本能。

英国心理学家霭理士在他的《性心理学》一书中写道："恋爱的发展过程可以说是双重的。第一重的发展是由于性本能向全身释放……第二重的发展是由于性的冲动和其他性质多少相连的心理因素发生了混合。"

虽然性欲是爱情的原始动力，但不是绝对动力。如果只承认性欲的绝对作用，实际上是把爱情庸俗化、片面化，将人视为普通的动物。

人类的爱情还有一个特点，就是可以把爱的感受储存在大脑里。年轻时轰轰烈烈的爱情，以后回想起来，仍会感到心里美滋滋的。意识的作用能使爱情在某种程度上摆脱肉体的束缚，更多地表现为精神的依恋。

总之，爱情的动力既包括性欲本能，也包括相互的关心、思念、尊敬、给予、了解、赞美、责任等多种精神因素。这些因素的综合作用使我们自古至今都不知疲倦地渴望和寻求自己的另一半。

爱一个人不仅仅是一种强烈的感情，还是一种决策、一种鉴赏力、一种诺言和一种以生命相托付的行为。爱是一种主动的能力，是一种可以使人突破那些隔阂屏障的能力，是一种把自己和他人联合起来的能力。爱是给予不是接纳。爱的本质就是为某种东西付出劳动，使某种东西成长。没有尊敬，爱情就会变成支配和占有。

纯真的爱情，可以使恋爱中的男女心情舒畅，情绪饱满。心理学研究表明，人处在这样一种良好的心境之中，心理功能的协调会大大地增强，可防止各类因心理因素而引起的疾病。而男女之间纯真的爱情生活，会有助于提高人的心理功能，促进人的生理功能的协调和发展，提高人体的抗病能力。但是恋爱的心理问题也是十分复杂的。尤其是在恋爱过程中出现挫折时，会出现情绪波动、意志消沉、悲观失望。

消除恋爱过程中影响人身心健康的不利因素，首先要树立起正确的恋爱观，培养理智感、社会责任感和道德感，学会掌握和调节自己的情绪，冷静客观地认识自己，认识别人、社会和家庭，这样就能经得起恋爱中的各种挫折和失败，从容地面对人生。

【心理学专家告诉你】

德国著名精神分析学家E·弗洛姆认为："爱情意味着给予、关心、责任、尊敬和了解；爱是一种意志行为，是一种把自己的生命同另一个生命紧紧维系在一起的决策行为；……给予、关心、责任和尊敬都必须在了解的基础之上；爱一个人必须深入地了解，全面了解的唯一办法是'爱的行动'。"

纯真初恋的特点

英国前首相W·丘吉尔是在第二次世界大战期间，带领英国人民取得反法西斯战争伟大胜利的民族英雄。但这位在欧洲政

第七章　每天读点婚恋心理学

治舞台上呼风唤雨的英国一代名相却有着一段没能开花结果的初恋。

1896年9月，丘吉尔作为英军第四骑兵团的军官调驻印度，与年龄相仿的帕米拉·普罗登相遇并一见倾心。帕米拉的父亲是印度高层军官，她本人是当地著名的美女，追求她的王孙公子不计其数。

然而两年之后，帕米拉却嫁给了当时印度总督的儿子——家财万贯的利顿伯爵维克多，令丘吉尔这段美好的初恋最终没能开花结果。丘吉尔失败的原因正是因为他当时还是个"穷光蛋"。难得的是，悲痛的丘吉尔仍然保持了平静和优雅，他向维克多表示了祝贺。丘吉尔结婚后一直和帕米拉保持朋友关系，还把自己的文集赠送给帕米拉。

爱情作为一种复杂的情感，是有其发展过程的。在最开始，人会受被倾慕对象的仪表、风度、气质、谈吐、品格、才能等肉体和精神的魅力深深吸引，而进入迷醉的阶段。此时，总有一种从未有过的捉摸不透的亲近欲和冲动。

然后，因为"我"被对方陶醉了，就会拼命地在对方面前自我显示，引起对方的注意，向对方进言，以微妙的眼神和动作向对方示意。但是，他（她）对我是否有意？他（她）看得上我吗？于是，就进入反复地评价这种"爱'的可能性的怀疑期。为了判断对方是否也爱"我"，就需要作必要的试探，经过几番试探，确定了对方的态度，"疑我"期才宣告结束。

如果对方对自己并没有爱的感觉，人就会进入失恋的阶段，一段爱情就此结束。但是如果对方也在爱着自己，即可进入"非我"阶段。这时，主动的一方多是举止失控，一切都不像平时的"我"了，故称之为"非我"。"非我"是爱情的重要阶段，显示了爱情已经进入了精神层面。

初恋是恋爱的起步，是精神性最强的恋爱。美国心理学家霍尔形象地把初恋中人的情绪比喻为"疾风怒涛"。初恋者容易产生四种心理状态：

神秘感 男女初恋时，对什么是恋爱知道不多，直观感觉是神秘的，异性的差异、表露的差异，使得"两人世界"充满神秘的意蕴。又因为恋人的关系不够稳定，双方都希望保密。这不仅因为初恋结局不确定，也同本能的羞怯感有关系。

兴奋感 初恋能调动人的内在力量。有些平时沉默寡言的青年一旦恋爱，也会变得快活起来，脸上常露笑容，喜气洋洋的。此时"情人眼里出西施"的心理效应不可低估。有的人只顾陶醉，被兴奋迷惑了头脑，匆匆许下终身，就有可能给爱情蒙上阴影。

急切感 双方都想全面了解对方，诸如对方什么性格、什么爱好、什么气质，等等。同时迫切地想知道自己在对方心目中的地位、评价、看法。

冲动感 仿佛"两人世界"突然出现了从未有过的新天地，惊喜之余大半有冲动的欲望。不仅相见和肌肤相触时会燃烧热烈的激情，手发抖，心跳加速，而且一想到恋人便会热血沸腾。这时，说话、做事缺少理智考虑，任凭感情驰骋。

少男少女的初恋是以异性的自然吸引为基础而产生的最纯洁、最真挚的感情，它不含有任何杂念。这种爱是不自觉的，却

第七章　每天读点婚恋心理学

是真诚的，感情色彩十分丰富，它不考虑各种各样社会因素，是两性之间最自然的爱恋。这种自然的爱恋的流露，过了少年期再也不会出现。所以，人们把少男少女的初恋又称为"一过性"的爱恋。

【心理学专家告诉你】

恋爱是一种心灵的融合，并非是相貌的匹配，只有心灵相通，才能使爱永不枯竭。初恋以后的恋爱，在心理上或多或少都会受到初恋的影响，而变得理智起来。

情人眼里出西施

1936年12月10日，英国国王爱德华八世签署文件，宣布放弃仅仅继承了325天的王位。他这么做，是为了迎娶生于美国并两次离婚的41岁平民女子沃丽丝·沃菲尔德，或者称为辛普森夫人——爱德华八世认识她的时候，她还是恩尼斯特·辛普森的妻子。

由于沃丽丝的这些经历，举国上下都反对这桩婚事，首相鲍德温甚至以内阁集体辞职相要挟。但陷入爱情泥潭无法自拔的爱德华八世却态度坚决，宁可放弃王位，也要与心上人在一起。要说"不爱江山爱美人"也是佳话，可是沃丽丝并没有漂亮的容貌。她和众多追逐王子的美女不可同日而语。但是他们夫妻琴瑟和谐，甜蜜地度过了35个春秋。

人们都说恋爱中的人智商为零。的确，爱情让男女之间相互美化、互相吸引，双方都感到满意和舒服，这就是所谓的"情人眼里出西施"。

热恋中的男女对异性美的审视，既针对其外在体貌特征美，也针对其内在心灵美。心灵美可以弥补外表美的不足，正如托尔斯泰所说的："人不是因为美丽才可爱，而是因为可爱才美丽。"审美错觉其实是很有意义的，它使人发掘出恋爱对象身上更深层的美以补偿某种不足，可以推动爱情的发生与发展。

人的价值观、人生观是产生审美错觉的内在原因。正常人总是向往美好的事物，并且往往把善良、真诚与美联系在一起。美丽的外貌容易引起人们对真、善的联想，从而产生好感，这是一种自然的心理反应。但无论对真、善的理解还是对美的欣赏，都离不开正确的价值观、人生观的引导。如果爱情没有了正确的价值观、人生观引导下的审美，就容易暗藏危机，导致日后婚姻和家庭悲剧的发生。

研究表明，晕环心理会影响人们的理解力，使人们对事物的本来面目产生模糊感。人们常说的"见其一点，不及其余"，从心理学上说可谓晕环作用的极端。

恋爱中的晕环心理，按其反映对象可以分为对自己和对别人的两类情况。就对自己而言，它常发生在下列情况时：当自己某一两方面的条件比较好的时候，就会自恃择偶条件优越，对未来的配偶进行过分的挑剔。当自己被多个异性同时追求，尤其是在异性的热烈颂扬面前，有可能飘飘然起来，从而出现自我评价过

第七章　每天读点婚恋心理学

高倾向。当自己对某一异性产生同情或感激之情时，对自己内在感情的审度也会走样。晕环心理也可能表现在对恋人的评价上，它的表现同自我评价大致相仿。

怎样克服恋爱中的晕环心理呢？首先要有正确的主见。有了正确的恋爱态度和恰当的择偶标准，理智水平就会大大提高，择偶过程中因感情波动而产生的晕环心理就不易缠身。其次要戒除偏见，只有横向视野而没有纵向视野；或者只有近距离视野，而没有远距离视野，都会产生感觉和认识上的偏差，造成择偶和恋爱中的导向失误。最后要认真听取和分析旁人的意见，集思广益，也会帮助自己获得正确的主见，只是对别人的意见不应盲从，而应"择其善者而从之"。

【心理学专家告诉你】

对于纯粹意义上的精神爱恋，这种审美的错觉或许是无可厚非的，但是如果以婚姻为目标，这种以偏概全的心理就会酿成很大的心理危机。所以人们应该正视自己和自己周围的世界，理性地看待和处理自己的爱情。

剃头挑子一头热

法国文豪维克多·雨果的巨著《巴黎圣母院》描写了几段离奇的爱恋：

心地善良的圣母院敲钟人卡西莫多爱上了吉卜赛女郎艾丝美

拉达，但是他丑陋的容貌把艾丝美拉达吓坏了；人面兽心的圣母院副主教弗罗洛也爱上了艾丝美拉达，但是限于清规戒律，他不能如愿，最后由爱生恨，把艾丝美拉达迫害致死；而艾丝美拉达喜欢高大英俊的侍卫队长浮比斯，但浮比斯只贪恋她的美貌，为了得到财富和领地，他又追求百合花公主，拒绝为蒙冤的艾丝美拉达洗脱罪名。

卡西莫多和弗罗洛对艾丝美拉达的恋情，以及艾丝美拉达对浮比斯的恋情，心理学都称之为单恋。

所谓单恋，是指对某个异性一厢情愿的爱恋，而对方却不能投之以爱的回报或者根本不知道。有爱情的地方就会有单恋，"单相思"是文学作品中永恒的爱情主题之一。

单恋者固然会体验到一种深刻的快乐，但更多会体验到情感的痛苦，因为他们无法正常地向自己所钟爱的异性倾诉柔情，更不能感受到对方爱意的温馨。

单恋者常常独自幻想，用憧憬和想象编织那迷人的梦境。由于受幻想力量的鼓舞，往往学习更加努力，信心日渐充足，讲究衣着打扮的效果，注意言谈举止的风度，注意扬长避短，在各种活动中也会 度显得活跃起来，力图使自己的形象在对方心目中更加美好，促进对方对自己的爱。

单恋者由于自己爱着对方，就会觉得对方也爱自己，就常常把对方的言谈举止纳入主观需要的轨道去理解。对方的一句无意的话语、眼神或表情，都会引起其长久的喜悦和激动，即便遇到严词拒绝，仍毫不置疑。如果能够看见对方，就会尽可能地注视

第七章　每天读点婚恋心理学

着对方的一举一动；如果见不到对方，就会猜测或巧妙地打听对方的去处；如果别的人无意中谈起对方，就会非常注意地倾听，表现出极大的兴趣。

单恋者虽然总是进行爱的自我陶醉，但真正面对对方时，会表现出极度的紧张和不安，并且试图掩盖自己的真情。单恋者对对方怀有高不可攀的畏惧心理，尽管对现实的恋爱十分向往，但却不敢轻易地向对方表白，生怕对方说出"不"字。于是将深情藏在心里，却又急切、焦灼不安地期待着对方的爱情吐露。单恋者由于得不到对方的回应，感情压抑，充满失望、忧郁和苦闷的情绪。

一旦发现自己陷入单恋的境地，就应该借助理智的力量，获得感情上的解放。在行为上尽可能减少或避免与对方的接触，克服虚荣心理和由对方冷淡而造成的自卑感。一味追求，死缠活缠，或者沉溺于单恋的泥潭不能自拔，这是很不明智的。

单恋者通常会愁肠百结。当你感到困惑或者痛苦的时候，可向知心朋友尽情倾吐，听听他们的评说、劝慰。这样常常会使你一吐闷气，心境平静很多。但切忌逢人便讲，不看对象信口开河，因为这样只能惹起麻烦，徒增你的烦恼。

爱情不是人生唯一的意义，要拿出自己的信心和勇气，与自己的软弱感情作斗争。多参加集体活动或体育锻炼，激发自己对学习的兴趣，广泛与人交往，这样就会转移注意力，打开胸怀，开阔视野，求得解脱和安慰，获得新生的力量。

【心理学专家告诉你】

陷入单恋的人,需要拿出十足的勇气,克服羞怯心理和自我安慰心理的折磨,勇敢地用心灵去撞击。如果对方有意,心灵闪现出共同撞击的火花,爱的快乐就会取代爱的痛苦。如果是"落花有意,流水无情",则应该面对现实,勇敢地抛弃幻想,用理智主宰感情进行转移,通过思想感情的转换和升华来获取心理平衡。

化解三角恋危机

1882年,21岁的露·安德烈亚斯·莎乐美结识了哲学家保罗·雷,又在保罗·雷的引见下认识了他的好友——当时德国最负盛名的哲学家尼采。尼采对莎乐美一见钟情,但莎乐美拒绝了他的求婚。她和尼采是精神上的伴侣,却不愿意让自己独立的人格束缚在婚姻的枷锁下,她追求的是灵魂上的沟通和碰撞。

与此同时,保罗·雷也在追求莎乐美。与出身豪富的保罗·雷相比,莎乐美的贵族父母显然对看起来疯子一样的哲学家不满。后来莎乐美和保罗·雷一起出去旅行,没有礼貌性地邀请一下尼采,尼采就宣布与莎乐美分手了。3个月,尼采的名著《查拉图斯特拉如是说》第一部诞生。

同时存在于三个人之间的恋爱俗称三角恋爱或三角爱情,表现为一个人同时爱着两个异性或两个人同时爱着一个异性。这是一种异常的爱情关系,但是却是十分常见的。

第七章　每天读点婚恋心理学

爱情具有独占性和排他性，但是在现实生活中，对两个异性难以取舍也是非常普遍的。三角恋本身很难说是不道德，但其结局常常是可悲的：或三人不欢而散，或两个同性中有一个退出或唯一的一个异性犹豫不决，等等。这三种结局中任何一种结局都会导致所涉及的人产生严重的心理挫折，并延续影响到以后的感情生活。

同时被两个人追求是正常的，但同时都接受则是不正常的，这时应该不要因为成为多人追求的对象而冲昏头脑，而应当冷静下来，作一次理智的思考，全方位比较两个异性在性格、观念、能力、外在条件等方面的情况，尽早采取决定，选择一个相对更理想的作为自己的恋爱对象。

一个人同时有两个求爱者确实是幸福的，同时也表明此人是很有吸引力的，此时也就有人因为不是自己同时去爱两个人就没有了更多的顾虑，认为反正又不是结婚，大家玩玩而已。殊不知，别人可是当回事的，特别是一些男性没有更多的戒备心理，更不知道还有一个隐藏着的"情敌"，就可能会误将一些信息或行为一概理解成是对方接受爱的表示，从而在定势思维下加大进攻强度、加大投入力度，结果越陷越深。

如果两个人同时站在一条起跑线上追求一个异性，怎样对待这场竞争呢？爱情的表现是为了取得对方的爱，而实质上是实现自我、发现自我、暴露自我价值的过程。征服了对方的心，感到喜悦、充实，感到实现了前所未有的人生价值，就是把爱情比作战斗也不为过，但这应该是理智的战斗、高尚的战斗，任何庸俗的伎俩都是不可取的。

任何竞争都有成功和失败。作为成功者，若对失败者行为态度不当，会加剧失败者的心灵创伤，甚至会导致本身爱情的毁灭。根据相关机构对历年来发生的因恋爱斗殴致伤事件的调查，约有40%是由于成功者的言行不当而激化矛盾造成的，有的当众羞辱爱情失败的一方，有的故意在对方面前做出亲昵的动作。成功者的一方应该表现出更多的宽容，多想想自己如果处于失恋境地会有怎样的苦闷心理。

作为失败的一方，必然经受巨大的心灵痛苦过程。面对这种心灵的冲击，积极地进行心理防御是很重要的。要克服爱情挫折，首先要正确认识爱情的失败，只有对挫折有了合理的解释才能从根本上战胜挫折。正如哲学家所说："人只有通过一次真正的失恋痛苦和折磨，才会开始成熟起来。爱的觉醒即自我的觉醒。"

【心理学专家告诉你】

俄国心理学家瓦西列夫在著名的《情爱论》中写道："爱情对象的选择是对熟悉的众多异性中某一个人的具体偏爱，是对这个人的价值理想化。没有一个人会同时深深地、忘我地、热烈地爱着两个或三个人。那必然会导致心理动荡，使人面临困难的抉择，分散感情的洪流。"

失恋不是结束而是开始

1883年，16岁的波兰姑娘玛丽亚·斯卡洛多斯卡为了筹措

第七章　每天读点婚恋心理学

大学学费，到某贵族之家当家庭教师，并与这家的长子卡西米尔相恋。可是，由于门第不同，他们的婚姻遭到卡西米尔父母的坚决反对，意志薄弱的卡西米尔屈从了父母。玛丽亚痛苦万分，竟准备"同尘世告别"，但她终于凭着顽强的意志克制住自己，把个人的不幸化为献身更大目标的动力，毅然只身赴巴黎求学。

人们认为，这是一次幸运的失恋，否则她就不会在巴黎遇到后来的丈夫皮埃尔·居里，世界上也就不会有那个获得诺贝尔奖的居里夫人了。

失恋是指恋爱关系的被迫终止。无论失恋的原因是什么，其对失恋者，尤其是被动的一方所造成的身心伤害是巨大而持久的。失恋者会对抛弃自己的人一往情深，对爱情生活充满了美好的回忆和幻想，自欺欺人，否认失恋的存在，从而陷入单相思的泥潭。也有人会出现一个特殊的感情矛盾——既爱又恨，不能自拔。

失恋者或因失恋而绝望暴怒、失去理智，也可能产生报复心理，造成毁坏性的结局；或从此嫉俗厌世，怀疑一切，看着什么都不顺眼，爱发牢骚；或从此玩世不恭，得过且过，寻求刺激，发泄心中不满。

一般地说，恋爱者对恋爱成功的期望越大，对恋爱的情感投入越多，则失恋后对其所造成的心理伤害就越重，心理反应也就越强烈。

倾吐是缓解失恋后不良心理的快捷方式。失恋者精神遭受打击，被悔恨、遗憾、急怒、惆怅、失望、孤独等不良情绪困扰，应该找一个可以交心的对象，一吐为快，以释放心理的负荷。可以用口头语言,把自己的烦恼和苦闷向知心朋友毫无保留地倾诉出来,并听听他们的劝慰和评说,这样心情会平静一些。也可以用书面文字,如写日记或书信把自己的苦闷记录下来,或给自己看,或寄给朋友看,这样便能释放自己的苦恼,并寻得心理安慰和寄托。

失恋者要借助理智来获得解脱,用理智的"我"来提醒、暗示和战胜感情的"我"。要想想,爱情是以互爱为前提的,不可因一厢情愿而强求,应该尊重对方选择爱人的权利。也可以进行反向思维,多想对方的不足点,分析自己的优势,鼓足勇气,迎接新的生活。

在行为上,及时适当地把情感转移到失恋对象以外的事物上。与朋友发展更密切的关系,求得开导和安慰;积极参加各种娱乐活动,释解苦闷,陶冶性情;投身到大自然中去,把自己融化到大自然的博大胸怀中,从而得到抚慰。当然密切自己与其他异性的交往,也不失为一个合适的举措。

失恋者往往蕴含着巨大的心理动力,积极的态度会使"自我"得到更新和升华,全身心地投入到工作中去,或许可以创造出辉煌的成就。像歌德、贝多芬、罗曼·罗兰、诺贝尔、居里夫人、牛顿等历史名人,都曾饱受过失恋的痛苦,他们是以奋斗来更新"自我",积极转移失恋痛苦的楷模。正如海伦·凯勒所言:"一扇幸福之门对你关闭的同时,另一扇幸福之门却在你面前洞开了。"失恋固然是失去了一次机会,然而却让你进入了另一个充满机会的世界。

第七章　每天读点婚恋心理学

【心理学专家告诉你】

美国恋爱心理学家 E·飞努说：自我否定是人类最痛苦的精神创伤，失恋意味着否定了过去的情感，而未来出现断层，所以失恋给我们带来深深的伤害。其实失恋的感觉很像我们小时候玩的跳房子游戏，每一格都必须被跳过去，才能到达目的地。我们可以大步地、快速地穿越必经之路，到达自由的胜利彼岸。

嫉妒是爱情的杀手

古书《酉阳杂俎》中有个著名的关于嫉妒的故事——

刘伯玉的妻子嫉妒心很强。刘伯玉曾经称赞曹植在《洛神赋》中所写洛神的美丽，妻子听到后，气愤地说："君何得以水神美而欲轻我？我死，何愁不为水神？"然后投水自杀。于是后人将她投水的地方称为"妒妇津"，相传女子在此过河时不能盛装华服，否则就会风浪大作。

爱情具有强烈的排他性，如果毫无嫉妒心，那么也许两个人之间的关系还只是喜欢水平的友谊，而不是爱情。所以嫉妒心对爱情而言是有一定的积极意义的，就连莎士比亚也曾经把嫉妒视为爱情的卫道士。

嫉妒心理在恋爱中的表现多种多样，归纳起来有两种不同的性质：自然性嫉妒和变态性嫉妒。自然性嫉妒人皆有之，其出发点和归宿都是爱情。而变态性嫉妒具有猜疑、敌意和报复的特征，有很大的危害性。

在异性交往问题上，女性通常都期待着男性采取积极的行动，而自己仅在"等待"。因此，当男性把目光转移到其他女性身上时就一点办法都没有，而是引起了对其他女性的嫉妒。同时，由于过去女性在社会上更多扮演被动的角色，她们时刻需要排除威胁自己地位的障碍，于是嫉妒就不可避免地产生了。其实女性的吃醋往往具有维持已到手的东西的作用。因此可以说，女性的吃醋是缘于她们过分依靠男人而自己的地位又不甚安定而产生的，是一种不得已的自我防卫心理的表现。

女性对周围的动静非常敏感，使自己无法得到解脱，脑子里总担心自己的价值得不到他人的承认，总担心恋爱中的男朋友因为看走了眼而移情别恋。这种狭隘的心理或性格，也就使得女性比男性更容易产生嫉妒心，对一些有竞争力的女性或有威胁性的场景产生浓浓的醋意。

男人的嫉妒心理往往是从占有欲的角度出发的，把女性当作了私人财产，信守"男女授受不亲"的封建道德规范。他们希望妻子不同异性来往，妻子只能供他一人欣赏，才是对他的忠贞。否则，发现妻子同异性有交往，就醋意大发，怀疑起妻子来了。这种心理状态，严格说来，已不属于爱了。高尚的爱，除了对爱人的情感执著，更表现在处处为她付出心血的行动中，而不是一味从对方那里索取感情。男性的嫉妒心理及行为表现，其目的在于巩固和把握爱。结果却常常事与愿违，反而会导致爱的消失。

有嫉妒之心的男人经常会采取限制、盘查、控制等手段来提

第七章 每天读点婚恋心理学

高爱情的保险系数,表面上是防范对方,实质上是在以转向攻击的方式弥补自己。因为他们对自己缺乏足够的自信,老是担心自己没有足够的吸引力,无法令女朋友抵挡外面的诱惑,于是就千方百计地刺探她的情感动向,以为这样做就不会让女人化做流星飞走,即使她有了变心的苗头,也可以迅速地将这种苗头消灭在萌芽状态之中。

虽说嫉妒心有一定积极意义,但更为常见的还是消极作用。它不仅会使人失去理智,也会似瘟神一般让更多的人敬而远之,最终两个人会被折磨得精疲力竭,爱情进展必然会受到影响,爱情的质量也会大打折扣,至于两人能否携手走到婚姻的殿堂,则只能听天由命了。因此,当务之急是立即改掉它,消灭这种过头的嫉妒。

理智的人,即使因嫉妒而产生了疑心,也能冷静分析,正确处置,不使嫉妒成为爱的障碍,更不会由嫉妒而产生敌意,进行报复。与之相反,理智软弱的人,即使一点点嫉妒也会发展成醋海风波,闹得不可收拾。因此,为了克服自己的变态性嫉妒,学会理智是十分必要的。

【心理学专家告诉你】

变态性嫉妒一般都是从占有心理中产生的。越是把爱情当作私有品,就越是要求对方成为自己的附庸,从而会产生各种各样的莫名嫉妒。因此,如果能以平等的态度对待恋人,尊重对方的人格和自由,许多嫉妒当无立锥之地。

"亲密有间"的异性友谊

1876年,俄国贵族冯·梅克的遗孀梅克夫人在朋友家第一次听到柴可夫斯基的钢琴曲《暴风雨》时就被倾倒了。她听说这部曲子的作曲者正陷入经济困境而无力自拔,就以收藏乐曲为名,写信委托柴可夫斯基编曲。

在梅克夫人资助下,柴可夫斯基全力投入创作,在最后10多年时间里,写下第四、五、六交响曲及歌剧《叶甫盖尼·奥涅金》、舞剧《睡美人》、《胡桃夹子》和《1812序曲》等许多名作。其中f小调《第四交响曲》被题献给梅克夫人。

渐渐地,两人之间的书信内容超越了"交易",向着艺术与人生、音乐与爱情的纵深处扩张。他们以书信为载体,畅谈艺术,互相剖白,倾诉衷曲,抒发理想。然而梅克夫人与柴可夫斯基之间的频频书信来往14载,竟然从未谋面。他们仿佛都在遵守一个默契,要以这种方式表明两人之间并非毫无距离。

有不少人认为,男女之间不可能建立起像同性朋友之间那样的亲密无间的纯洁的友谊关系,这种看法是不对的。认为异性间的友爱必然要发展成为性爱,或者必然与性爱纠缠不清,是缺乏依据的偏见。

心理学研究表明,异性之间不但可以存在友谊,而且这种友谊具有同性友谊所不具有的互补性。性别差异之下异性友谊,既可以是对个性不足的一种互补,也可以是对心理、情感和思维的互励互慰。社会中的个人,交往范围越广泛,和周围生活的联系

第七章　每天读点婚恋心理学

越多样，他的各方面社会关系就越深入，精神世界就越丰富，个性发展就越全面。尽管同性间的个性也存在着差异，但如果只和同性交往，人的个性发展往往很狭隘，因为这种差异远不如异性间的个性差异明显和有意义。

虽然人类智力的高低总体上没有性别差异，但男女之间的智力特质却有区别。以思维能力为例，男性比较擅长离奇、大胆的抽象逻辑思维，善于抽象和概括，更喜欢用综合的方式对待现实；女性则擅长于具体形象思维，比较感性，更适合处理以实践应用和形象思维为支撑的事情。通过异性交往，双方均可从对方那里取长补短，以提高自己的智力水平和学习、工作效率。

许多人的爱情往往起始于男女的友谊，很多人分不清爱情和友谊的界限，是因为爱情与友谊有一些共同点。排他性是区别友情还是爱情的主要标志。异性朋友的约会从来不会故意选择特定的、尤其是避开他人的地点。而恋人在一起时总想避开朋友和熟人。因为人与动物在性欲上的一个显著区别是人类在情爱上有一种社会羞涩感，这是人类文明的标志，同时也是检验爱情与友谊的重要尺度之一。

男女之间在气质、性格、身体、爱好等方面往往有着较大差异，只有彼此互相尊重和理解，异性友谊才能维持和发展。异性朋友自然可以堂堂正正地来往和接触，但一举一动都要大方得体，不能过于随便，有些玩笑不宜在异性面前乱开，否则可能会有损友谊的巩固。关系再好的异性朋友，也应该保留各自的隐私。保持心理距离并不会疏远朋友，相反会加深友谊：正是因为有一定的心理距离，才会使友谊更具有亲和力。

当然，异性友谊与爱情之间的界限是模糊的。对于单身的异性朋友来说，友谊升温为爱情，或许是值得庆贺的事情。对于已经有了恋人或者已婚的人来说，一定要注意保持异性友谊正常的限度，否则会引起诸多麻烦，还会受到道德和良心的谴责。

【心理学专家告诉你】

异性友谊是一种美好的境界。心理学家认为，男性的阳刚气质和女性的阴柔感情，是某种心理现象的互补，促使双方之间有互相接触和了解的欲望，当这种欲望付诸行动时，往往会产生友谊，结为朋友，并可能发展为爱情。

解密婚姻与爱情

柏拉图问老师苏格拉底什么是爱情，苏格拉底就让他先到麦田里去，摘一棵全麦田最大的麦穗来，只能摘一次，并且只能向前走，不能回头。结果柏拉图两手空空走出了田地。苏格拉底问他为什么摘不到，他说："因为只能摘一次，又不能走回头路，即使见到最大的，因为不知道前面是否有更好的，所以没有摘；走到前面时，又发觉总不及之前见到的好，原来最大的麦穗早已错过了，于是我什么也没摘到。"

苏格拉底说："这就是爱情。"

柏拉图又问苏格拉底什么是婚姻。苏格拉底就叫他先到树林

第七章　每天读点婚恋心理学

里,砍下一棵全树林最大的树,同样只能砍一次,只可以向前走,不能回头。于是柏拉图照着老师的话做。这一次,他带了一棵普普通通,不是很茂盛,也不算太差的树回来。苏格拉底问他怎么带这棵普普通通的树回来,他说:"有了上一次经验,当我走到大半路程还两手空空时,看到这棵树也不太差,便砍下来,免得最后又什么也带不出来。"

苏格拉底说:"这就是婚姻!"

人生其实就像穿越麦田和树林,只能向前走一次,不能走回头路。要找到属于自己最好的麦穗和大树,找到自己最理想的爱情与婚姻,何其难也。而且,爱情与婚姻往往是不能等同的,自己爱的人并不一定能和自己结婚,跟自己结婚的未必是自己爱的人。

在任何文化传统中,爱情与婚姻都是可以分开的。可无论什么年代,爱情和婚姻的冲突是永远不会消失的。

爱情更多的是权利与享受,而婚姻更多的是责任,会减少情爱的感受性。有这样一个比喻:爱情就像闪电一样,而婚姻就是为这闪电付电费的。一般来说,爱情基本上是自由的,爱谁不爱谁是你的权利,但是结了婚就不一样了。如果说结婚前是在选择你所爱的人,那么结婚后更多的是你得去爱你所选择的这个人。

爱情是发展变化的,而婚姻是相对固定的法律契约。结婚一段时间之后,爱情的高峰过去,双方身上的弱点暴露得越来越多,彼此的新鲜感逐渐消失,爱情之花逐渐枯萎,婚姻就可能变为无爱的折磨,但它不会消失,仍然实实在在地存在着。

爱情一般是两个人的私事,而婚姻是关涉到他人的。爱情更多的是两个人的感觉,可以跟着感觉走;而婚姻是事业,你需要给彼此以及你们的孩子、父母幸福,你必须去建设、去经营,靠感觉过不了日子。

准备结婚的人应该有个清醒的认识:爱情可能是婚姻的基础,但不是婚姻的全部。婚姻中除了爱情的因素,还有经济的、生育的、责任义务等因素。不要对婚姻中的爱情过于苛求,要准备迎接现实的挑战。幸福的婚姻很多,但需要你去努力地经营。

步入了婚姻生活,双方都不能以自我为中心,否则会对婚姻绝望。婚姻中最忌讳自我中心主义,许多无谓的争吵都是由此引起。婚姻生活中应该具备和培养一定的心理韧性,学会忍耐种种缺憾和承受种种挫折。但容忍并不是无原则地放纵对方,而是双方都合理地谦让,减少婚姻矛盾。

结婚意味着责任、义务和忠实,不能太情绪化。恋爱的人可以摆脱一切虚荣与世故,不顾一切现实条件的束缚,达到某种程度上的超脱境界,洒脱奔放。可婚姻必须面对和接受社会现实:每天都要与"柴米油盐酱醋茶"打交道,要经常探望双方的父母,要关心孩子的成长与前途。所以婚姻生活是离不开务实精神的。

【心理学专家告诉你】

日本心理学家国分康孝说:"恋爱连孩子都会,结婚则非成年人不可。对于太幼稚的人来说,结婚是负担。结婚要讲伦理,负责任,要有很强的实际生活能力。"

第七章　每天读点婚恋心理学

人们如何挑选配偶

1923年秋天，爱国将军冯玉祥在任"陆军检阅使"时，原配夫人刘德淑因病逝世。不少名门闺秀都想成为陆军检阅使夫人。冯玉祥将军选择配偶的方法很为特殊，他采取当面考试的办法以定成否，首先问对方："你为什么和我结婚？"许多姑娘羞涩地回答说："因为你的官儿大，和你结婚，就是官太太。"或是说："你是英雄，我爱慕英雄。"这样的回答，冯玉祥将军都是摇头。

当马伯援介绍李德全和冯玉祥将军见面时，他问李德全为什么要和他结婚，信奉基督教的李德全爽直地说："上帝怕你办坏事，派我来监督你！"冯玉祥将军认为这个女子不凡，随即奠定了两人结婚的基础。

择偶是成年之后必将面临的问题，择偶的标准因人而异，主要决定于本人的婚姻观和家庭观。现实生活中的爱，有其实际存在的内容，即婚姻的责任义务、婚后繁杂的人际关系、家庭生活中的琐事、结婚后所担任的角色的增多和多变等。如果缺乏对此的思想准备，将不能适应从恋爱到婚后家庭两种不同生活的过渡变化，无法完成自己和配偶的互相适应过程。最后导致对爱情的失望，将合理婚姻当作爱情的坟墓。

一般而言，男性的择偶条件较少且较为宽松，多是要求女性长得漂亮、温柔，择偶的感情和审美色彩比较浓厚。男性的择偶条件比较现实、易变。比如，自身条件差的男青年虽然也希望找一个年轻美貌的女子，但更倾向于找一个和自己般配的女性。男性对女人的才学不那么看重，但是也没有哪个男人会喜欢一个没什么学识的老婆。最后，男性一般不大适应强悍的女性，比较愿意找一位各方面条件不如自己的女性。

而女性择偶条件比较具体，除了外在形象之外，她们往往还会考虑到个人品行、经济收入、社会地位、家庭状况等其他相关条件，愿意进行试探性的接触。女性择偶时的理性色彩比较重，对男性的个性、气质、才华、品行等内在素质比对他的容貌、身材更感兴趣。女性喜欢可以信赖和依靠的男性，喜欢能在精神、情感和心理上给她抚慰的男子汉。

女性常将爱情过于理想化，在择偶时要求十全十美，择偶条件有时显得很苛刻，甚至脱离现实。由于女性的自尊心和虚荣心，女性在择偶时常有攀比心理。

每个人的择偶心理各不相同，往往是由多种心理状态交织而成。而这种复杂的择偶心理取决于每个人的人生观、恋爱观、价值观。随着社会文明的进步，人们文化素质的提高，追求精神满足的择偶心理的人越来越多，他们注重对方的思想感情、道德品质、性格爱好等，追求彼此心灵上的沟通和感情融洽。

虽然择偶是个人的私事，只要不违反法律和社会公德，任何择偶标准都是可以被接受的，但是心理学家仍然认为，有些择偶心理是片面的，容易使人在婚恋中误入歧途。最常见的是一见钟情式的婚姻。一见钟情只是被对方的某一优点所强烈吸引，而没有仔细考虑其他因素，往往会因为婚后生活中才暴露出来的个人缺陷而导致矛盾重重。择偶时缺乏主见、太在乎别人的看法也是不可取的。

第七章　每天读点婚恋心理学

总之，人们选择配偶一般是以健美为基础，遵从相似和互补原则，要求对方德才兼备，但是也会受到社会文化的影响和家庭的干预。每个开始择偶的人都要记住：以利交者，利尽则散；以色交者，色衰则疏；以心交者，方能永恒。

【心理学专家告诉你】

美国心理学家诺曼·李研究发现：在选择长期伴侣时，男性更重视对象的外形，而女性则更看重对方的社会地位以及对方是否体贴和值得信赖。根据诺曼·李的理论，择偶犹如在交易市场里做买卖，你能获得什么样的对象很大程度上取决于你具备什么样的条件。

婚前恐惧为哪般

38岁的澳大利亚男子迈克尔·托德是一名马球手，在过去几年中，英俊潇洒的他连续谈过好几任女友，并且和数任女友都到了谈婚论嫁的阶段。迈克尔不仅先后向4任女友求过婚，送了订婚戒指，并且还拟好了结婚日期，广发请帖筹备婚礼。然而令每任未婚妻都悲痛欲绝的是，迈克尔总是会在走上红地毯前一刻取消婚约，临阵逃婚。

后来，迈克尔和34岁的丹麦女模特海德维格·莫林坠入爱河，可是就在婚礼来临前，迈克尔第6回当了"逃跑新郎"。不过迈克尔最后感到，海德维格才是他真正最爱的人，于是他再次请求海德维格嫁给她。直到婚礼完成,他的家人和朋友们才松了一口气。

事实上,婚礼当天,深谙迈克尔个性的好友詹姆斯·科比为防万一,还为迈克尔准备好了水陆两种交通工具,以便在迈克尔逃婚时派上用场。

"婚前恐惧症"似乎正在不断偷袭现代人,对婚姻的恐惧使得他们徘徊在围城外而迟迟不敢进入。据不完全统计,有将近90%的准新人在婚前出现过焦虑、恐惧的不良心理。

婚前恐惧症状通常在两个阶段集中出现。第一次出现是在开始谈婚论嫁的阶段,尤其是没有主动提出结婚的一方,对婚姻持久性会产生怀疑和恐惧。这种恐惧主要来源于社会舆论对婚姻生活的负面看法,过多地暴露了婚姻的阴暗面,使有意结婚的人感到一种无形的压力,以致产生对婚后生活的过分忧虑和对婚姻失败的恐惧。另一方面,如果情侣中的一方对另一方不是非常满意,或对对方某些缺点在成家后能否改正、自己能不能适应等心存疑虑,也会引发婚前恐惧症。

第二个阶段是结婚的前一个月左右出现的恐惧、紧张等"症状"。与第一阶段不同的是,这时产生恐惧感的原因是对婚后生活困难程度的扩大的焦虑。

男女两性对婚姻产生恐惧的心理基础也不尽相同。

恐婚的女性普遍是理想主义者,她所期待的是一种完美的生活。对于婚姻,她大多根本没有想过是怎么回事,对"婚礼"这种仪式的向往远远超过对婚姻本身的向往。也就是说她所谓的想

第七章 每天读点婚恋心理学

结婚,只是想得到"婚礼"这样一种仪式,而不是之后的婚姻生活,一旦提到婚姻生活,她往往会呈现出恐慌的表情。一般情况下,女性担心婚后最初的家庭生活,其中包括对新的家庭成员关系的处理和协调,或者因为不会做家务而担心对方挑剔。

男性对婚姻的焦虑主要是对自己能否承担起家庭重担的能力持怀疑态度,主要考虑的是自己在家庭中的责任。因此,男性恐婚的病源主要是"放大"了生活的压力,在考虑过婚后的经济责任、家务负担、爱人的忠诚等之后,他们对婚姻显得诚惶诚恐,许多男人因此宁愿用其他形式和女友同居,却闭口不谈婚嫁。

对于习惯了没有拘束的自由生活的人来说,当一种稳定的生活摆在面前,而这种生活也是自己一直以来想得到的时候,真正选择的那一刻,反而没那么容易下决心了。对婚后生活的过多考虑在面临婚姻时的表现形式就是对结婚的恐惧和逃避,很多人因此推迟结婚,甚至宁愿独身,也不愿意"受罪"。

其实有了这种情绪的人也千万不要紧张。谨慎对待婚姻的想法是对的,但因为谨慎而放弃婚姻是不可取的。结婚并且能幸福生活一生的人有很多。如果不去尝试,怎么能体会到婚姻带来的快乐呢?

【心理学专家告诉你】

美国明尼苏达大学的心理学教授D·奥尔森指出,害怕结婚的现象在全世界都能找到。世界上的事情总是这样的,当你选择了一样东西,相应的可能就要失去另一样东西。既然享受了婚姻的种种好处，就不要太看重单身时自由自在、无拘无束的那些小利益。

怎样与姻亲相处

话说有两个好朋友在酒吧喝酒聊天，其中一人抱怨道："听我说，朋友，我遇到了不幸。昨天，我妻子同我吵了架，怒气冲冲地一摔门就走了，并声明说，她将同她母亲生活在一起。你替我想想，这是誓言呢，还是威胁？"

"誓言和威胁？这两者有什么区别吗？"

"区别太大了！如果是誓言，意味着我的妻子一定回娘家去住。倘若是威胁，那意味着岳母将搬到我家来住！"

爱情与婚姻最大的区别，就是所要面对的对象不同。爱，可以只爱一个人，可以营造温馨的二人世界。但是结婚就不同了，在迈入新的家门之时，你会突然发现三姑六婆莫名其妙地多了不止一倍，把他们认清楚至少需要三个月的时间。一群与你毫无血缘关系的人因为你的嫁娶而进入了你的生活，成为你生活中不可忽略的一部分。所以，要想保持婚姻生活的幸福，就要保持爱屋及乌的心态，与姻亲和睦相处。

在日常生活中，要学会巧妙地表达你对这群"陌生人"的爱意与尊敬。比如，适当地赠送礼物给他们。相处久了，这些亲朋好友就会因为你的到来，觉得自己多了一份体贴和照应。与人交

第七章　每天读点婚恋心理学

往，要做到真诚相处，互相帮助，绝不能做拆台的事。拆台不但破坏别人，也会害了自己，人为地造成家庭关系紧张。

心理学家发现，家庭背景差异是引发家庭矛盾的重要原因之一。家庭背景差异，背后是价值观的差异。其实，婚姻是否稳定，主要取决于夫妻间的对等性，比如智力、个人健康、学历等，当然也包括家庭背景差异，但它在对等性中只占很小的一部分，而两个人的心理、价值观、处家庭关系的方式等差异对婚姻的影响更大。

不过任何两个人都不可能在财富、家庭、价值观、心理等方面达到完全对等，因此每一个婚姻都很难避免矛盾的出现。恋人在婚前就应该创造条件去认识和熟悉对方的家人，学会和他们相处。磨合中，也能拉近恋人、家人对这个婚姻的期望和要求，减少日后矛盾的发生。当婚姻矛盾出现时，不能逃避和退让，而敞开心灵沟通，才是最好的解决办法。无论对爱人还是双方家人，都要学会理解和体贴，不要强迫别人按自己的意愿行事。

在所有姻亲关系中，对家庭和睦影响最大的是与对方父母的关系。对待他们要像对待自己的亲生父母一样，如此就能促进家庭的和谐。你可以时常与爱人父母闲谈，在与他们所谈论的话题中，你可以了解到他们所感兴趣的事物，清楚他们的习惯和价值观，从而增强你与他们的熟稔程度。

【心理学专家告诉你】

婚姻不仅使你成为一个新的家庭的一员，同时也使你成为对方家庭的一员。只有将心比心，换位思考，妥善处理，灵活协调周边关系，方有家的安宁。

婆媳关系最难处理

《孔雀东南飞》是我国第一首长篇叙事诗，讲述了一个感人的爱情故事——

刘兰芝和焦仲卿两人感情深厚，但为婆婆不容，一定要赶其回家。仲卿百般求告，反遭母亲捶床痛骂。迫于无奈，他只得让兰芝暂回家门。话别之时，两人相约誓不相负。兰芝回家后，母亲见到不请自归的女儿，十分震惊，后经兰芝解释，这才谅解。但不久，县令、太守相继为儿子求婚，兰芝被迫之下选择允婚，其实已作了以死抗争的打算。仲卿闻讯，责问兰芝，兰芝道出真情，许下诺言，并约定黄泉相见。结婚当晚兰芝投河自尽，仲卿听后也吊死树下。

在这个悲剧中，婆媳不和无疑是最初的导火索。社会心理学界将婆媳矛盾定性为世界性的文化难题，认为婆媳矛盾是人际关系中典型的矛盾关系之一。因此，婆媳关系虽然是发生在两个人身上，但它对公公、丈夫、儿女都会产生影响，甚至会使媳妇的娘家人都卷进来。

在旧社会，媳妇是没有经济地位的，所以婆媳关系在社会文化中就是不平等的，婆婆对媳妇可以发号施令，享有至高无上的

第七章　每天读点婚恋心理学

权威,媳妇对婆婆必须言听计从,婆婆和媳妇之间的关系,可以说是一种服从和被服从的关系。所以这时婆媳之间尽管可能产生心理矛盾,但是可以维持基本的人际关系平衡。

随着经济社会的发展,媳妇的经济地位开始上升,现代人的婚姻生活中存在着随处可见的婆媳矛盾,而且矛盾有了更频繁爆发的可能性,给美好的家庭生活造成了不利的负面影响。

婆媳矛盾产生的原因是多方面的。首先,婆婆与媳妇之间存在着年龄差异,因此在价值观、思维方式和生活方式上就会有所不同。这是属于两代人的代沟问题。其次是作为长辈的婆婆的封建意识的问题。有些婆婆媳妇在各方面都应当"胳膊肘朝里弯",从而使媳妇对婆婆产生了反感。

婆媳之间产生人际关系障碍最根本的原因,还在于对处于婆媳关系中的男人——儿子兼丈夫的感情争夺上。儿子结婚以后,做母亲的很容易产生一种失落感,深感自己对儿子的影响在减弱,媳妇的影响在增强;媳妇也经常感到婆婆以各种各样的方式介入自己的婚姻生活,影响了夫妻之间的感情。如果儿子再对母亲稍有冷淡怠慢,母亲便会将儿子的过失全部归咎到媳妇身上。

另一方面,婆婆自己过去也作过媳妇,她对长期建立起来的主妇位置即将被媳妇所代替而感到愤愤不平。这种危机意识也是造成婆媳交往出现障碍的潜在因素。

女性之间很容易在感情上产生隔阂,在日常生活中诸如家庭经济问题、家务劳动、制定家政方针等方面产生不一致的态度,有时婆媳间还会相互故意为难。一个女人成为婆婆之时,大多在更年期前后,心理上易烦躁、易恼怒,与一般人都难以相处,与媳妇这一特殊对象共处，自然就更易生出事端了。

婆媳之间的矛盾虽然不可避免，但也不是不能解决。作为婆婆，处理婆媳关系最根本的，也是最重要的，就是要从心理上认同和接纳自己的媳妇，把媳妇当作女儿待。而做儿媳的女性，只要将婆婆与自己的亲生母亲一样看待，多些孝道和耐心，就可以促进婆媳交往，增进婆媳间的感情。

【心理学专家告诉你】

在婆媳矛盾中，身兼儿子和丈夫双重角色的男性处于至关重要的地位，在调节母亲与妻子的关系中起着十分重要的作用。男性要很好地扮演在母亲与妻子间联系的角色，善于把握她们双方的心态，成为她们之间的胶合力量，建立一个夫妻恩爱、婆媳和气的幸福美满的家庭。

平衡婚姻与事业

据说有一次，英国女王和丈夫吵架。丈夫独自回到卧室，闭门不出。女王回卧室时，只好敲门。

丈夫在里边问："谁在敲门？"

女王傲然回答："我是统领伟大帝国的英国女王伊丽莎白二世。"

没想到里边既不开门，又无声息。她只好再次敲门。

里边又问："谁在敲门？"

第七章 每天读点婚恋心理学

女王回答:"我是维多利亚。"

里边还是没有动静。女王只得再次敲门。

里边再问:"谁?"

这一次女王学乖了,柔声回答:"亲爱的,我是你的妻子。"

门开了。

家庭与事业,是一个人生活的两极。如果不能平衡好家庭与事业的关系,自然会给生活带来麻烦。妻子或是丈夫,只是人在家庭中"扮演"的一个角色。此外,人还需要"扮演"许多角色,比如一个自食其力的工作者,这个角色甚至比"妻子"或是"丈夫"的角色更重要。因为对于绝大多数人而言,事业是维持自身存在的保障。没有工作的失业者,或者仰人鼻息的寄食者是很难在社会立足的,而不结婚则未必能引起别人的非议。所以,事业往往会对家庭和睦产生重要的影响,这个影响很多时候是由于不恰当地将对待事业的心态错误地移植到家庭问题上而形成的。

作为事业型的丈夫,不要以自己在外面辛苦工作为理由,逃避家庭责任。你要知道,你的妻子一天要料理三餐,洗衣持家,繁重的家务劳动不亚于繁忙的事业打拼,你要体恤她的辛劳。

而作为一个"工作狂"丈夫的妻子,要全方位地照顾好事业心强的丈夫的生活,如果对自己丈夫的工作或职业没有一些常识或了解,想要给他适当的帮忙,也几乎是不可能的事。即使在丈夫的工作中,你并不能帮上什么实际的忙,但只要你能对他工作的需求充分了解,同样可以使你更有同情心和耐心,成为一位更加聪慧的伴侣。

职业女性在社会中虽然以"强"立足，但在家中却要忘掉"强"。当你踏入家门，一定不要把在工作岗位上的霸气带到家里来。要知道，即使丈夫的事业不如你，也是你的"合伙人"，而不是下属。在家中，你要主动尽到一个家庭主妇的责任，即使因为工作太忙，无暇顾家，也要耐心地和丈夫说清，得到丈夫真诚的谅解和支持。对丈夫为家所付出的辛劳要感激，切忌挑剔。那些善于计划时间，并能在有效的时间内完成多件事的女人，多半是已婚的职业妇女，而不是家庭主妇。她们一只脚站在办公室，一只脚站在家里，却能二者兼顾，生活、工作都处理得很好。

而作为"女强人"妻子的丈夫，如果你的事业成就不如妻子，也没有自卑的必要。现代社会在一定程度上已经抛弃了"男主外、女主内"的思维定式。如果能够当好妻子的"贤内助"，给妻子的事业以更大的支持，也是维系家庭幸福的良好态度。

古人说"鱼与熊掌不能兼得"，有一定道理。但凡事没有绝对，事业与家庭发生冲突时，只要学会多花费一点心思，少算计一点得失，即便不能鱼与熊掌兼得，在家庭与事业之间，也总会找到一个平衡点。不管社会如何变迁，家庭、事业都不应该对立，完全可以统一起来。如果把事业当作一个家庭来享受，如果把家庭当作一个事业去创立，那么建立在事业上的家庭是最稳固的家庭，建立在家庭上的事业是最甜蜜的事业。

【心理学专家告诉你】

要学会将家庭与事业隔离开来，特别是阻止坏情绪的蔓延，

第七章　每天读点婚恋心理学

不要让家庭纠纷影响工作,也不能把工作中的烦恼迁怒到家人身上。

夫妻间控制权的争夺

有这样一个笑话——

刚刚新婚的小伙子愁眉苦脸地坐在酒吧里,伙伴们很不解:"新婚生活不愉快吗?"

小伙子说:"太可怕了。不能抽烟,不能喝酒,还要挨骂。"

"这可太苦闷了。"

"苦闷,她也是禁止的。"

很多人把婚姻比作战争。这种战争的目的不是消灭对方,而是征服对方。夫妻生活中,相互的控制无处不在,很多的争吵都是控制与反控制的结果。

尤其是现代女性,越来越不满足于家庭里的角色,其中有些人认为"矫枉必须过正"。不少妻子自觉不自觉地扮演起"妻管严"的角色。

"妻管严"是一种利己主义的产物,它不过是"大男子主义"的翻版。在"妻管严"的家庭中,缺乏温暖,空气窒息,对家庭危害极大。这种家庭,失去了本应有的民主、和谐、温暖、友爱的和睦气氛,家庭经常处在对一些小事的是是非非矛盾之中,夫妻间也造成一种人为的隔阂。

313

由于妻子的无理和不时的敲敲打打，使丈夫在心理上产生了一种危机感，整天在委曲求全、胆战心惊的心理支配下生活，失去了欢乐，丧失了自信。表面应付，实则是貌合神离，夫妻在思想上产生了一条鸿沟。

很多男人乐意做模范丈夫，但并不甘受"妻管严"，对"妻管严"心生厌恶，经常在他人或感情比较接近的女性面前，诉说自己的悲哀和不幸，以引起异性的同情，寻找新的精神寄托。结果就可能会发生婚外恋，导致夫妻离异。

愚昧、落后和虚荣心是产生"妻管严"的土壤。大多数丈夫对"妻管严"这种精神枷锁叫苦不迭，迫切希望摆脱这种没有和谐气氛的家庭桎梏，实现真正的男女平等。

还有不少妻子深信"男人有钱就变坏"，于是将经济手段视为控制丈夫的最佳方法。但是有管制就会有对策，夫妻间成了一场猫鼠游戏。

消除"妻管严"这一家庭弊病，丈夫就要做到以诚待妻，克服自卑的心理，除了充分肯定妻子在家庭中的功劳外，还要经常善意地指出她的弱点、毛病，并用自己的实际行动教育、感化妻子，共同改变这种弊病。

而作为妻子一定要有自知之明。事实上，女性的自尊和独立，并非一定要打倒男子，实行大女子主义才能取得，因为那不是平等。真正的平等要靠友爱互信来取得，这一点应该是每一对"妻管严"式的夫妻都要明白的。不管情感多么真挚，对方都不可能照顾你一辈子。不要以为找到了真挚的爱就找到了最终的归宿，就应该得到无微不至的永远的照顾和保护。得到爱人的支持和帮

第七章　每天读点婚恋心理学

助,当然是幸福的,但是别忘了,爱你的人是会变化的,什么时候都要保持你的独立性。

相当一部分人只了解自己不了解对方,而且喜欢想当然地强加于人。为什么自己喜欢的就必须强加于人呢?爱的奇妙感觉往往使我们形成错觉和偏颇的信念。要知道,不管两个人多么相爱,信念却可以相差十万八千里。爱情需要信念的相互接纳与协调。

当代人都追求个性张扬、人格独立,只有保证有独立的生活空间,包括物质空间、经济空间,才能有人格的独立自由可言,才能长久保持夫妻感情的美好与和谐。

【心理学专家告诉你】

如果你把自己的人生托付给一个人,你就给了他控制你的权利,你就没有权利抱怨了。既然你把照顾自己的权利交给对方,或者全盘接受照顾他的要求,那你就应该准备接受可能的烦恼与婚姻中的不快。

应该由谁来当家

有这样一个小笑话:

新婚燕尔,夫妻二人开始安排婚后的生活。

妻子说:"为了我们的生活甜甜蜜蜜,以后家里所有的大事都由你来决定,而所有的小事都听我的安排,怎么样?"

丈夫问:"那么,具体地讲,哪些小事听你的安排呢?"

妻子说:"我决定应该申请什么样的工作,应该住在什么样的房子里,应该买什么样的家具,应该到哪里度假,以及诸如此类的小事。"

丈夫又问:"那么哪些大事由我来决定呢?"

妻子说:"你决定谁来当总统,是否应该减免贫穷国家的债务,是否应该废除死刑,要不要反对原子弹,等等。"

在传统文化中,家庭中一般都是丈夫做主,但是这种状况已经被现代社会的文明观念所摒弃。不过,还是有些男子爱逞威风,在什么场合都会吹嘘自己在家里是"说话算数"的。还有些人因为在工作中有某种抱负实现不了,或总是受人指使时,心里总不平衡,强烈的欲求不满会使得他一定要寻找到一个机会来发挥自己的"才干",于是,家庭必然成为其首选目标。如果连这个欲望都无法满足,心中就会充满怨恨。

其实,家庭是一个需要共同协作才能良好运转的人群集合,只有科学的家庭管理才是生活和睦的保障。应用管理心理学的研究成果,家庭管理应该遵循三个原则。

首先是系统性原则,就是要注意家庭生活的多样性、整体性和各部分之间的关联性。根据系统性原则,家庭生活在物质方面和精神方面不可偏颇,既不能只顾吃喝玩乐,忘却社会的责任和精神上的追求,又不能只干工作而不顾家庭生活和子女教育。不仅如此,还要兼顾家庭中每一成员的需求满足,否则就会有人生出被家庭抛弃的感觉,影响心理健康。

效益性原则就是要从最少的人力、物力、财力投入中获得最

第七章　每天读点婚恋心理学

佳的情感功能、最优的经济效益或最大的使用价值。

最重要的是民主性原则。在家庭生活中，每个家庭成员都有一种习惯性的分工，但每个家庭成员都有管理家庭的权利和义务。家庭成员的平等和相互尊重是家庭成员协调配合搞好家庭管理的前提。民主不仅作为一种风尚存在于家庭生活之中，还要转变为一定的程序作为家庭管理中决策的工具。对于家庭的重要事件，诸如大数目的经济往来、重要的家庭社交活动，应该在家庭中认真商讨取得一致意见后再行动。

【心理学专家告诉你】

如果运用管理学的概念，家庭也是一个有机的团队，其目的是满足家庭成员的物质需求，使家庭成员心理上安定、情感上满足。在这个团队中必然有决策者、管理者和执行者的分工。如果分工不明，当然会影响生活的幸福。

不要掏空丈夫的口袋

丈夫气呼呼地朝妻子说："不知是哪个小家伙偷拿了我钱包里的钱。"妻子不以为然地说："你怎么可以怀疑自己的孩子，也许拿钱的不是他们，而是我！"

"绝不会是你，因为钱包并没有被拿空。"

"男人有钱就变坏"，过来人的谆谆教诲萦绕耳边，这似乎是婚姻生活中亘古不变的真理，于是，许多妻子将经济手段视为控制丈夫的最佳方法。但是事实证明，有剥削就会有反抗，有管制就会有对策，"私房钱"从而应运而生，夫妻间成了一场猫鼠游戏。可见，"管"永远不是办法，"掏"更不是良策，如果夫妻二人时时提防，步步小心，那么家庭乐趣又从何而来呢？

现实生活中，许多夫妻都有各自的工作、兴趣、人际关系，需要应酬、花销、出门办事。特别是丈夫之辈，如果他此时囊中羞涩，那么自会大丢面子，妻子也会尴尬。

很多已婚的男人们都会对结婚后财政大权的移交抱怨不已，他们经历了由结婚前的"单身贵族"到结婚后每月要将所得的收入如数上交老婆的"佃户"的巨变，心理都会很不平衡。有的无限怀念过去，有的抱憾"终生"，因而引发围城中的"战火"。这种情形的产生主要来自于妻子"精明"的经济管制。其实，有的时候妻子不妨糊涂一些，给丈夫一些空间，给丈夫一定尊严，只要你"心如明镜"，又何怕他的"暗度陈仓"。

"钱乃身外之物"，这句话虽然被用得"滥"之又"滥"，但它的确又是"真"之又"真"，其中蕴含着千古颠扑不破的哲理。夫妻生活，不要太汲汲于金钱之中，彼此珍视、互相尊重，才是婚姻生活的重要支柱。

专家发现，对于怎样花钱拥有同等决定权的夫妻，一般来说婚姻比较和谐。换句话说，经济权力均等（即使双方收入不太可能相等）是婚姻幸福的关键。

如果夫妻双方的金钱观念有差异，在没有及时沟通、相互不了解的情况下，危机自会不可避免地爆发。而在危机产生后，双

第七章　每天读点婚恋心理学

方要是不注意认真协调、互相检讨自己的言行，那么婚姻走向灭亡也是理所当然的事情了。所以，对于相爱的夫妻们来说，金钱观念的沟通协调起着至关重要的作用。

金钱理念在婚姻生活中起着重要作用，对夫妻间的关系影响重大。一个人的金钱理念关系着他本人感觉幸福与否，关系着他为人处世的态度。有的人属于满足型，为自己设定一个合理的目标，努力去达成或者超过它之后，便会对所拥有的生活心满意足。有的人则属于永不知足型，无论自己设定了何种目标，无论有没有达成，都不会感觉满足。而这些具有相反金钱理念的人如果相结合，就意味着婚姻中无尽的麻烦。而解决无尽麻烦的最主要手段就在于要从细微处着手，通过配偶所做的点滴小事仔细熟悉其金钱理念，了解其金钱模式，从而避免日后的婚姻幻灭。

调查中发现，比较多的男性认为自己对金钱的想法与妻子不同，而女性则较相信自己的想法与丈夫的一致。可见，在夫妻生活中金钱观念很少为配偶所了解，两人更缺少有效、和谐的沟通。现实情况是，有很多夫妻，产生的矛盾恰恰是因为一个人的发财美梦正是另一个的噩梦。如果夫妻双方金钱观念不同，两人就会产生格格不入的感觉。当夫妻因此而产生冲突时，往往逐渐失去对彼此的尊重。这时，夫妻俩要协调彼此的金钱观，就要做到互相了解，彼此接受。

【心理学专家告诉你】

喜欢金钱寻找金钱并非有错，错的是人们过高地估计了它的地位和力量。在婚姻生活中，必须明白金钱只是改善家庭物质生活的工具，不是控制配偶的砝码。

婚外恋是爱的病毒

英国王妃戴安娜与王储查尔斯的婚礼举世瞩目。然而在许多人看不到的地方，却有个女人幽灵般地插在这对夫妇中间，她就是王储的情人卡米拉。

在世人的眼中，无论从哪一方面来看，这两个人都不是一个重量级的对手。戴安娜年轻、美丽、高贵、大方，还拥有出众的外交才华，懂得如何运用自己那仿佛与生俱来的亲和力来对世界施加影响。而卡米拉的容貌和美丽几乎是沾不上边，她也永远不注意修饰自己，英国的媒体甚至用"又老又丑的巫婆"来形容她。

但是，卡米拉懂得如何照顾查尔斯，她乐于和查尔斯一起打猎，一起钓鱼，一起观看马球比赛，戴安娜却对这些不屑一顾。正是这一切，使得卡米拉成为查尔斯生活中永远无法或缺的人。于是，在一场"世纪婚礼"之后，紧接着的就是一场使人目瞪口呆的"世纪婚外恋"。

所谓婚外恋，是指婚姻关系中的一方同与配偶以外的异性发生情爱或性关系的行为。在现实的社会生活中，这种现象并不少见，而且还有日益增长的势头。婚外恋问题不仅直接关系着家庭中婚姻关系的稳定，也直接影响到社会整体的文化道德观念。从

第七章　每天读点婚恋心理学

交往形式上看，婚外恋一般包括两种情况：一种是婚外性行为，另一种是没有性行为关系，只存在着一种"柏拉图"式的精神恋爱。

婚姻的感情基础不牢是产生婚外恋的首要原因。随着社会的发展、生活水平的提高和人们对生活需求观念的更新，以及价值观的改变，意识中的那种对婚姻生活的不满足感，越来越强烈地表现出来。于是，原先维系男女之间爱情的链条断裂并导致情感逐步淡化。如果夫妻双方的关系不能进行有效的调适，不能重建并更新夫妻间的爱情，就可能在双方或一方中产生移情别恋的动机，一旦遇到合适的异性，就很自然地导致婚外恋。

心理学研究表明，人所需要的满足与否直接影响着人际关系的形成和发展。需要得到满足，对人际关系就起着增强的作用；反之，就产生失望之感，而削弱人际关系；若长期得不到满足，就会使人际关系疏远或中止。夫妻间爱情的发展同样遵循这一规律，夫妻中任何一方心理上或生理上的需要长期得不到满足，就有可能导致夫妻间心理上的隔阂，甚至使感情发生转移。

婚外恋问题作为人类两性间的关系问题，当然有其生理的依据，但更主要的是一种心理行为。从社会学的角度来评价婚外恋，认为是对婚姻体制构成了严重的威胁，具有明显的反道德性质。但是作为人的情感关系中的特殊现象，它又具有强烈的感情迸发力。如果对婚外恋行为作一个较为宽容的判断的话，那么可以说它是当代家庭生活中的具有悲剧性的一幕，它的出现曾使多少幸福的家庭解体，无论当事者处理得如何，对社会、对个人、对子女安宁的生活都是一种不小的危害。

由于单调造成的厌倦是造成情变的主要祸因。结婚几年后，生活的热情开始冷却。如果夫妻双方不能探索、寻找出新的、更令人满意的生活方式的话，则在这平淡无奇的背后就会孕育着人的好奇反射的总爆发，不甘寂寞的人便会寻找能够重新弹奏起交响乐的第三根琴弦。

一些社会心理学家认为，从实际情况分析，婚外恋之所以呈增加的趋势，根本的原因还在于缺乏真正的离婚自由，使一些已经"死亡"或应该"死亡"的婚姻仍在继续。因此，离婚的充分自由也是杜绝婚外恋现象和提高婚姻稳定性的一个重要的因素。

当发现配偶有了婚外恋，怎样帮助配偶摆脱第三者是要讲究心理对策的。

首先最要紧的是要冷静、理智地分析情况。愤怒的情绪自然地产生是可以理解的，但是一定要努力控制自己的情绪，通过调查分析，弄清事情的真相，采取正确的态度和对策。如果任其怒火燃烧的话，不仅不能使爱人回心转意，反而易使夫妻的矛盾激化。

其次要向爱人说明外遇对他自己、对家庭、对子女的危害性等等，讲明道理，使爱人对自己的错误有个正确的认识，悬崖勒马，改正错误。发现配偶有外遇，严肃批评是完全应该的，但同时在生活上要更加关心对方，感情上更加体贴。否则只能加大与对方的心理距离。

最后，要根据情况，有针对性地做好第三者的工作，必要时可以用法律手段予以解决。

但是，一旦婚外恋已然发生，无论采取什么措施都无法弥补婚姻的裂痕。因此预防"第三者"是更为重要的。

第七章　每天读点婚恋心理学

夫妻感情的发展是无止境的。理想的夫妻应是随着岁月的增长，夫妻之情不断深化。夫妻感情越巩固，第三者就越无地可插足。夫妻感情不和是第三者插足的良好时机。有些夫妻结婚后，忽视感情的培养，长此下去，感情易淡弱，为第三者插足提供了条件。

夫妻间要相互信任，无话不说，这样不仅可能消除夫妻之间的误解，而且也可以商量解决一些问题。例如在生活实践中，第三者对丈夫表示爱恋之情或者公开表达时，夫妻可共同商量对策，妥善地处理与解决问题。

【心理学专家告诉你】

心理学家发现，孤独感常是促成外遇的主要原因，一个人要是没有人与他分享生活中的大大小小的事件，孤独感便会油然而生。如果夫妻间缺乏亲切友好的感情交流，一方或双方便会感到孤独，以致到婚外去寻找恋情。